电网设备非金属材料性能测试技术

国网浙江省电力有限公司电力科学研究院 组编

中国电力出版社
CHINA ELECTRIC POWER PRESS

内 容 提 要

为提高电网设备所用非金属材料的性能水平以及质量门槛，实现对非金属材料的全生命周期管理，国网浙江省电力有限公司组织编写了本书。

本书共5章，包括概述、非金属材料简介、非金属材料常用测试技术、非金属材料的试验方法与规范、电网设备非金属材料失效分析案例等内容。

本书可供从事电网设备设计、采购、基建和运维检修的技术人员和管理人员学习及培训使用，也可供其他相关人员学习参考。

图书在版编目（CIP）数据

电网设备非金属材料性能测试技术 / 国网浙江省电力有限公司电力科学研究院组编 . —北京 : 中国电力出版社，2022.5

ISBN 978-7-5198-6557-3

Ⅰ. ①电… Ⅱ. ①国… Ⅲ. ①电网－电力设备－金属材料－性能检测 Ⅳ. ① TM242

中国版本图书馆 CIP 数据核字（2022）第 033080 号

出版发行：中国电力出版社
地　　址：北京市东城区北京站西街 19 号（邮政编码 100005）
网　　址：http://www.cepp.sgcc.com.cn
责任编辑：肖　敏
责任校对：王小鹏
装帧设计：郝晓燕　王红柳
责任印制：石　雷

印　　刷：三河市万龙印装有限公司
版　　次：2022 年 5 月第一版
印　　次：2022 年 5 月北京一次印刷
开　　本：787 毫米 ×1092 毫米　16 开本
印　　张：8.25
字　　数：198 千字
印　　数：0001—1500 册
定　　价：48.00 元

编 委 会

前　　言

塑料、橡胶、陶瓷等非金属材料是电网设备中的重要组成部分，非金属材料的性能是电网设备电气性能的基础，材料的品质决定着电网设备的整体质量水平，其重要性不言而喻。然而，在过去很长一段时间内，非金属材料质量问题或性能劣化导致的电网设备故障层出不穷，对于电网设备非金属材料的性能测试基本处于空白状态。从2018年开始，国网浙江省电力有限公司在电网设备非金属材料性能测试、质量评定等方面开展了大量的探索和实践，取得了一定成效。

为总结电网设备非金属材料性能测试经验，全面提升非金属材料测试分析能力，减少电网设备故障，提升电网设备安全运行水平，国网浙江省电力有限公司组织专家编写了本书。在编写过程中，编者查阅了大量专业资料，并引入了近年来发生的真实案例及数据，以供读者参考。

本书分5章，包括概述、非金属材料简介、非金属材料常用测试技术、非金属材料的试验方法与规范、电网设备非金属材料失效分析案例等内容。本书可供从事电网设备设计、采购、基建和运维检修的技术人员和管理人员学习及培训使用，也可供其他相关人员学习参考。

本书由国网浙江省电力有限公司电力科学研究院、国家电网有限公司设备管理部、国网浙江省电力有限公司、上海材料研究所、国网智能电网研究院有限公司、中国电力科学研究院有限公司、浙江省电力锅炉压力容器检验所有限公司、国网浙江省电力有限公司衢州供电公司、国网浙江省电力有限公司湖州供电公司、国网浙江省电力有限公司双创中心、国网新疆电力有限公司电力科学研究院、江苏方天电力技术有限公司、国网甘肃省电力公司电力科学研究院、国网青海省电力公司电力科学研究院、国网天津市电力公司电力科学研究院、国网河南省电力公司电力科学研究院、国网安徽省电力有限公司电力科学研究院、国网湖北省电力有限公司电力科学研究院、国网上海市电力公司电力科学研究院、国网冀北电力有限公司电力科学研究院、国网浙江省电力有限公司丽水供电公司、国网浙江省电力有限公司台州供电公司、国网浙江省电力有限公司嘉兴供电公司、国网浙江省电力有限公司杭州供电公司、中国计量大学、浙江宇凡电器股份有限公司等单位专家联合编制而成。本书编写过程中，得到了浙江省电力学会材料专业委员会专家的悉心指导，在此表示感谢。

由于编写人员水平有限，书中难免存在不妥或疏漏之处，恳请广大专家和读者提出宝贵意见，以期不断改进完善！

编者

2022年4月

目　　录

第1章　概　　述

1.1　电网设备非金属材料性能测试的背景

近年来，我国能源行业处于高速发展阶段，特高压电网进入建设加速期、网架过渡期，交、直流大电网运行安全控制、大规模工程建设安全和质量等都面临新的考验。材料是电网设备的基础，其性能管理贯穿规划可研、工程设计、设备采购、设备制造、设备验收、安装调试、竣工验收、运维检修和退役报废十个阶段。当前，金属材料监督已成为电网安全经济运行的重要技术支持，同时能为电网设备现代科学管理提供科学的决策依据。然而，非金属材料本身的性能研究与应用在行业内才刚刚起步。近些年来，根据电网运行和技术水平发展的实际情况，伴随着新技术、新设备的使用，电力设备技术监督的范围越来越大，内容越来越全，要求越来越高，开展非金属材料性能测试的重要性逐渐凸显，材料性能测试技术也越来越受到重视。

随着电网设备材料技术监督工作的不断深入，各级电力公司已经在内部建立了成熟的工作机制。近年来，通过技术监督工作积累的大量数据表明，非金属材料的失效或性能劣化是导致电网设备故障的重要原因之一。力场、热力场、电场等复合多物理场耦合的复杂工况，以及湿热、盐雾、酸雨、台风等多变的气候条件对非金属材料的使用寿命及相关设备的安全运行造成了严重影响。当前，国内外对复杂环境下电网设备非金属材料的失效机理和性能测试技术的研究开展较少，电网非金属材料服役寿命、失效评估体系尚未建立，尚不能很好地为设备管理者提供非金属材料性能的系统支撑。因此，建立非金属材料的性能测试体系，大力开展电网设备非金属材料的性能测试研究与应用，实现对非金属材料从研发直至退役的全生命周期质量管控，对于提高设备安全运行水平非常重要。

1.2　电网设备非金属材料性能测试工作的意义

在当前形势下，强调电网设备非金属材料性能测试的意义在于：

（1）我国电力行业现在处于高速发展的阶段，电网设备中前期服役的包括以陶瓷、水泥为代表的无机非金属材料和以塑料、橡胶为代表的有机高分子材料都进入了性能快速衰减期，这可能会导致电网设备运行存在安全隐患。同时，由于缺乏有效的性能测试手段，使用性能不合格非金属材料的设备可能会应用到电网中，直接威胁设备的安全运行。加强对电网设备非金属材料的性能测试，对于提升入网设备整体质量、消除安全隐患均有积极意义。

（2）随着以特高压为骨干网架的电网建设，电网电压等级不断提高，大容量、远距离输电网对新型设备非金属材料的性能也提出了更高的要求。为了适应新型设备制造工艺、提高产品质量，必须相应地提升非金属材料性能测试水平。

(3) 目前对于非金属材料测试的整体水平不高，在电网中的应用范围还属于初级阶段，一些先进的技术测试方法和工艺还没有找到适合应用于电网设备测试的场合，尤其是非金属材料分析能力发展比较滞后，所以应尝试并探索将最新的技术应用于电网设备的一线生产当中。

1.3　电网设备非金属材料常用的性能测试技术

电网设备中常用的非金属材料包括无机非金属材料和有机高分子材料。

电网设备非金属材料常用的性能测试技术有X射线衍射分析、傅里叶变换红外光谱分析、热重分析、差示扫描量热分析、热膨胀系数分析、扫描电子显微镜分析以及机械性能分析等。

(1) X射线衍射分析技术 (diffraction of X-rays，XRD) 的原理是，当一束单色X射线入射到晶体时，由于晶体是由原子规则排列成的晶胞组成，这些规则排列的原子间距离与入射X射线波长有相同数量级，故由不同原子散射的X射线相互干涉，在某些特殊方向上产生强X射线衍射，衍射线在空间分布的方位和强度与晶体结构密切相关。该方法常常用来作为物相分析和结晶度测定。

(2) 傅里叶变换红外光谱分析技术 (infrared spectroscopy，IR) 是当一定频率 (能量) 的红外光照射分子时，如果分子中某个基团的振动频率和外界辐射频率一致，那么光的能量就可通过分子偶极矩的变化而传递给分子，这个基团就吸收一定频率的红外光，产生振动跃迁；用仪器记录分子吸收红外光的情况便可得到该试样的红外 (吸收) 光谱图，从而可以分析有机物的结构。其优点是简单易操作、分析速度快，还可以做到无损检测。

(3) 热重分析技术 (thermogravimetric analysis，TGA) 是在程序控制温度下，测量物质的质量与温度或时间关系的方法。通过分析热重曲线，可以知道样品及其可能产生的中间产物的组成、热稳定性、热分解情况及生成的产物等与质量相联系的信息。热重分析的主要特点是定量性强，能准确地测量物质的质量变化及变化的速率。根据这一特点，只要物质受热时发生质量的变化，都可以用热重分析来研究。

(4) 差示扫描量热分析技术 (differential scanning calorimetry，DSC) 是一种热分析法，它是在程序控制温度下，测量输入到试样和参比物的功率差 (如以热的形式) 与温度的关系。差示扫描量热仪记录到的曲线称DSC曲线，它以样品吸热或放热的速率，即热流率 dH/dt (单位mJ/s) 为纵坐标，以温度 T 或时间 t 为横坐标，可以测量多种热力学和动力学参数，例如比热容、反应热、转变热、相图、反应速率、结晶速率、高聚物结晶度、样品纯度等。该方法使用温度范围宽、分辨率高、试样用量少，适用于无机物和有机化合物分析。

(5) 热膨胀系数分析技术 (coefficient of thermal expansion，CTE) 通常是指在外压强不变的情况下，物体在单位温度变化时所导致的长度量值的变化。大多数物质在温度升高时体积增大，在温度降低时体积缩小。热膨胀与温度、热容、结合能以及熔点等物理性能有关。影响材料膨胀性能的主要因素为相变、材料成分与组织、各异性的影响。通常可以用该技术来判断无机物的性能。

(6) 扫描电子显微镜分析技术 (scanning electron microscope，SEM) 是通过电子显微镜系统利用聚焦的高能电子束来扫描样品，通过光束与物质间的相互作用来激发各种物理信息，对这些信息收集、放大、再成像以达到对物质微观形貌表征的目的。目前，高精度的扫描电子显微镜的分辨率可以达到0.1nm的数量级，放大倍数可以达到30万倍及以上并且连续可调，同时具备景深大、视野大、成像立体效果好的特点，在材料研究领域具有非常重要的地位。

（7）机械性能分析技术是指在不同的环境（温度、介质、湿度）下，对材料施加外载荷（拉伸、压缩、弯曲、扭转、冲击、交变应力等），测试材料在外加载荷下表现出的力学特征（包括脆性、强度、塑形、硬度、弹性、疲劳强度、延展性等）的方法。机械性能分析技术是一大类试验技术的总称，由于其原理简单、过程直观、试验结果与使用性能的关联程度高，因此是材料性能测试中最常被采用的测试种类。

1.4　电网设备非金属材料性能测试内容

目前，电网设备非金属材料性能测试对象主要为完全或部分以陶瓷、玻璃、塑料和橡胶为材质的设备。比较典型的试验包括陶瓷和玻璃绝缘子的电气性能试验、绝缘子的热膨胀试验、橡胶材质的红外光谱分析、电缆绝缘层的电气和力学性能试验以及工程塑料的热重和差示扫描量热法分析等。

（1）陶瓷和玻璃绝缘子主要进行电气性能试验，一般包括机电破坏和耐受击穿试验，以考察其绝缘性能。该试验可以充分判定绝缘子生产工艺的优劣，通过电气性能试验也可以判定绝缘子的使用状况和寿命。对于有室温硫化硅橡胶（RTV）涂层的支柱式瓷绝缘子，一般还需测量涂层厚度；通过涂层损坏情况综合分析使用环境，为生产和更换提供依据。

（2）橡胶材质属于有机高分子材料，在自然使用情况下必然存在老化现象，尤其多发于沿海的高湿高盐地区。例如，电网设备中的GIS设备中的密封圈材质大多是橡胶材质，如果不注意橡胶的老化，极易造成SF_6的泄漏，从而造成设备故障，危害电网安全。而红外光谱分析技术以及热重分析技术可以作为有效的分析手段，利用老化前的和老化后的橡胶圈做对比，分析其中官能团、成分和定位结构的变化，从而优化工艺，延长使用寿命，降低故障发生率。

（3）电缆绝缘层一般都是有机物，这类高分子材料要求具备良好的绝缘性能和机械性能，一般会对其进行机械性能试验和电气试验。例如，对于低压电力电缆的绝缘层，要求进行外观尺寸、机械、电气性能试验，主要包括绝缘层厚度、偏心率、断后伸长率、热延伸、热收缩和耐受击穿试验等，以考察该类高分子材料的综合性能。

（4）工程塑料是指被用作工业零件或外壳材料的工业用塑料。目前，该种材质在电气设备中使用的比例越来越高，并凭借其优良的强度、耐冲击性、耐热性、硬度及抗老化性受到电力行业的青睐。对工程塑料主要进行机械性能测试和热力学分析，并且因为其在使用过程中会随着时间逐步老化，因此对此材料的监控和老化评价尤为重要。

第2章 非金属材料简介

2.1 陶瓷材料

传统的陶瓷是以黏土为主要原料，经粉碎、混炼、成型、烧结等过程而制成，含有大量硅酸盐成分。随着科学技术的发展，陶瓷原料已由黏土扩展到化工原料和合成矿物，甚至是非硅酸盐、非氧化物原料，组成范围也延伸到了无机非金属材料。

陶瓷材料主要由共价键或离子键构成，熔点高、硬度大、化学稳定性好，具有优良的耐高温、耐氧化、耐腐蚀和耐磨损等性能，但脆性大。此外，功能陶瓷还具有电、磁、光等特性。陶瓷材料广泛应用于刀具、陶瓷磨球、高温炉管、电容器、绝缘件等工业制品。电气用陶瓷产品如图2-1所示。

图2-1 电气用陶瓷产品

2.1.1 陶瓷的发展历程

陶瓷的发展历程可分为陶器、传统陶瓷和现代陶瓷（也称先进陶瓷）三个阶段。区别于传统陶瓷，现代陶瓷在原料上由天然矿物原料发展到高纯的合成化合物，成分不再局限于硅酸盐的范围。除此以外，其理论研究、制备工艺更为系统、先进，应用范围更广，可靠性更高。

在电力领域，陶瓷的研究应用主要集中在电源侧的耐磨损陶瓷内衬和电网侧的新型高压陶瓷电容器、高性能绝缘子及瓷套。20世纪90年代，唐山新区电厂、河南平顶山煤电等10多家大型火力发电厂试用了刚玉陶瓷内衬，其耐磨性能远远优于碳钢等其他耐磨材料。陶瓷电容器是现代电子线路中必不可少的元件，它促使电容器朝着小型化、大容量方向发展，并且保证器件在1000MHz以上的频率下仍能有效工作。高压陶瓷电容器材料主要有$BaTiO_3$基介质、$SrTiO_3$基介质，近年来，各个企业主要通过不断改良工艺来提升高压陶瓷电容器的电容效果、抗雷电冲击能力和稳定性。输电线路中的绝缘子以及变电站电器设备用的套管等往往受到机械、电场和温度的耦合作用，为了保证较高的机械强度、电绝缘性能和较低的成本，目前大多使用氧化铝含量不高的普通高压电瓷或中等氧化铝含量的高铝质电瓷。

2.1.2 陶瓷的分类

现代陶瓷是指用陶瓷生产方法制造的无机非金属固体材料和制品的通称。根据性能和用途，现代陶瓷主要分为两类，即结构陶瓷和功能陶瓷。

2.1.2.1 结构陶瓷

顾名思义，结构陶瓷应用于各种结构部件，主要利用其力学性能，如高强度、高硬度、耐磨损、耐高温、耐热冲击和低热膨胀性等，因而在许多场合逐渐取代昂贵的超高合金钢或被应用到无法使用金属材料的场合。根据化学成分的不同，结构陶瓷可分为三类，即氧化物陶瓷、非氧化物陶瓷和陶瓷基复合材料。结构陶瓷的分类及用途见表 2-1。

表 2-1　结构陶瓷的分类及用途

分类	典型材料	主要用途
氧化物陶瓷	氧化铝、氧化锆、氧化镁、莫来石（$3Al_2O_3 \cdot 2SiO_2$）等	陶瓷切削刀具、陶瓷磨球、高温炉管等；坩埚、浇注金属的模子、高温炉的炉衬材料；热电偶保护管、电绝缘管和高温炉衬
非氧化物陶瓷	碳化物陶瓷（如 SiC、WC、B_4C、TiC）、氮化物陶瓷（Si_3N_4、TiN、BN、TiC）、硼化物陶瓷（TiB_2、ZrB_2）	刀具、轻质无润滑陶瓷轴承、密封件、窑具和磨球
陶瓷基复合材料	氧化锆相变增韧复合材料；陶瓷纤维强化复合材料	刀具、发动机部件、人工骨

2.1.2.2　功能陶瓷

功能陶瓷应用于各种功能器件，主要利用其物理性能，如电、磁、声、光、热及生物性能。根据这些物理性能又可将其细分为电功能陶瓷、磁功能陶瓷、光功能陶瓷、生物功能陶瓷、化学功能陶瓷等。功能陶瓷的分类及用途见表 2-2。

表 2-2　功能陶瓷的分类及用途

分类	功能陶瓷	典型材料	主要用途
电功能陶瓷	绝缘陶瓷	Al_2O_3、BeO、MgO、SiC	集成电路基片、封装陶瓷、高频绝缘陶瓷
	介电陶瓷	TiO_2、$La_2Ti_2O_7$、$Ba_2Ti_9O_{20}$	陶瓷电容器、微波陶瓷
	铁电陶瓷	$BaTiO_3$、$SrTiO_3$	陶瓷电容器
	压电陶瓷	PZT、PT、LNN、（PbBa）$NaNb_5O_{15}$	超声换能器、谐振器、滤波器、压电点火器、压电电动机、表面波延迟元件
	半导体陶瓷	PTC、NTC、CTR	温度补偿和自控加热元件、温度传感器、温度补偿器、热传感元件、防火灾传感器
		ZnO 压敏电阻	噪声消除、避雷器
		SiC 发热体	电炉、小型电热器
	快离子导体陶瓷	$\beta-Al_2O_3$、ZrO_2	钠—硫电池固体电介质、氧传感器陶瓷
	高温超导陶瓷	La-Ba-Cu-O、Y-Ba-Cu-O	超导材料
磁功能陶瓷	软磁铁氧体	Mn-Zn、Cu-Zn、Cu-Zn-Mg	收录机的磁芯、温度传感器、电波吸收体
	硬磁铁氧体	$BaFe_{12}O_{19}$、$SrFe_{12}O_{19}$	铁氧体磁石
	记忆用铁氧体	Li、Mn、Ni、Mg、Zn 与铁形成的尖晶石型	计算机磁芯
光功能陶瓷	透明 Al_2O_3 陶瓷	Al_2O_3	高压钠灯
	透明 MgO 陶瓷	MgO	照明或特殊灯管、红外输出窗材料
	透明 Y_2O_3-ThO_2 陶瓷	Y_2O_3-ThO_2	激光元件
	透明铁电陶瓷	PLZT	光储存元件、视频显示和存储系统
生物及化学功能陶瓷	湿敏陶瓷	$MgCr_2O_4$-TiO_2、ZnO-Cr_2O_3、Fe_3O_4 等	工业湿度测试、烹饪控制元件

续表

分类	功能陶瓷	典型材料	主要用途
生物及化学功能陶瓷	气敏陶瓷	SnO_2、Fe_2O_3、ZrO_2、TiO_2、ZnO 等	汽车传感器、气体泄漏报警、各类气体测试
	载体用陶瓷	Al_2O_3 瓷、SiO_2-Al_2O_3 瓷等	汽车尾气催化载体、化工用催化载体
	催化用陶瓷	沸石、过渡金属氧化物	接触分解反应催化、排气净化催化
	生物陶瓷	Al_2O_3、Ca_5（F、Cl）P_3O_{12}	人造牙齿、关节骨等

2.1.3 陶瓷的性能

力学性能方面，陶瓷的刚度大（弹性模量最高）、硬度高、常温下几乎没有塑性、韧性差。物理性能方面，陶瓷的导热性差、热稳定性差，但与高聚物和金属相比，其热膨胀系数较小。且陶瓷绝缘性能良好、化学稳定性好（耐火、耐酸、耐碱、耐盐腐蚀）。

在电力行业内，主要应用的材料是电功能陶瓷，因此以下主要介绍四类常用电功能陶瓷的性能及主要性能参数。

2.1.3.1 绝缘陶瓷的性能

绝缘材料在电气电路或电子电路中所起的作用主要是根据电路设计要求将导体物理隔离，以防电流在它们之间流动而破坏电路的正常运行。此外，绝缘材料还起着支撑导体、保护电路环境等作用。一般将具备上述作用的陶瓷称为绝缘陶瓷。

目前，绝缘陶瓷可分为氧化物绝缘陶瓷和非氧化物绝缘陶瓷，其必须具备如下性能。

（1）体积电阻率（ρ）：不小于 $10^{12}\Omega\cdot cm$。

（2）相对介电常数（ε'）：不大于 30。

（3）介质损耗因数（$\tan\delta$）：不大于 0.001。

（4）介电强度（DS）：不小于 5.0kV/mm。

（5）总电导率计算公式如下：

$$\sigma=\frac{1}{\rho}=\omega\varepsilon_0\varepsilon'\tan\delta \tag{2-1}$$

式中 σ——总电导率，$\Omega^{-1}\cdot cm^{-1}$；

ρ——体积电阻率，$\Omega\cdot cm$；

ω——角频率，$\omega=2\pi f$，f 为频率；

ε_0——真空中的介电常数，$\varepsilon_0=8.85\times10^{-12}F/m$；

ε'——相对介电常数；

$\tan\delta$——介质损耗因数。

除上述性能外，绝缘陶瓷还应具有良好的导热性、耐热性、高强性及化学稳定性，常用绝缘陶瓷材料的介电性能和力学性能见表 2-3。

表 2-3 常用绝缘陶瓷材料的介电性能和力学性能

材料	介电性能				力学性能	
	$\tan\delta$	ε'	DS（kV/mm）	ρ（$\Omega\cdot cm$）	抗弯强度（MPa）	抗热冲击性
滑石瓷	0.0008～0.0035	5.9～6.1	7.9～13.8	10^{17}	145	中等
镁橄榄石瓷	0.0004～0.001	5.8～6.7	7.9～11.9	10^{17}	145	差
董青石瓷	0.003～0.007	4.1～5.4	5.5～9.1	10^{16}	117	极好

的缺点以及大幅度推广电缆附件应用的需要，各国纷纷研制适用于冷收缩型电缆的高性能硅橡胶材料，已初见成效，但还需对硅橡胶进行大量的改性研究工作。

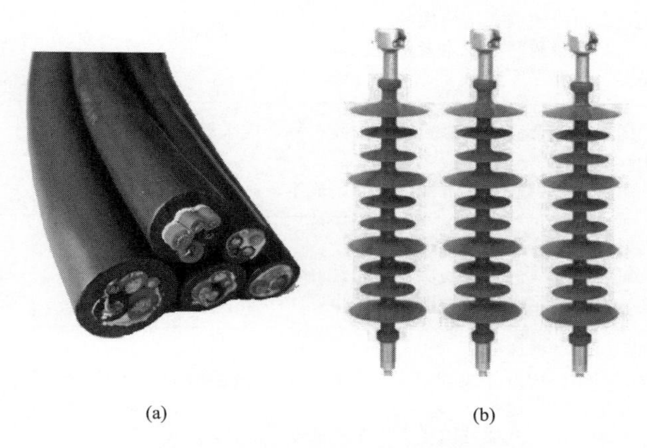

(a)　(b)

图 2-2　橡胶电线电缆和复合绝缘子

（a）橡胶电线电缆；（b）复合绝缘子

除电缆附件以外，硅橡胶还广泛应用于复合绝缘子。20 世纪 60 年代，发达国家开始研究利用有机高分子聚合物制造户外复合绝缘子。其中，乙丙橡胶运行几年后出现憎水性下降、褪色、裂纹、漏电起痕等问题；室温硫化硅橡胶耐漏电起痕与电蚀损性能和机械强度也不大理想，出现表面机械损伤及腐蚀开裂等问题。20 世纪 70 年代末、80 年代初，欧美国家采用高温硫化型硅橡胶（HTV）制造复合绝缘子的伞裙护套，该材料不易老化，耐漏电起痕与电蚀损性能相对较好，且表面积污后仍具有良好的憎水性。随后，寻求硅橡胶耐老化性能、憎水性、介电性能和机械强度等综合性能的最佳平衡成为硅橡胶复合绝缘子材料研究的主流。

2.2.2　橡胶的分类

按制取来源不同，橡胶可分为天然橡胶和合成橡胶两类。按照用途，合成橡胶又可分为通用合成橡胶和特种合成橡胶。通用合成橡胶是指可以部分或全部代替天然橡胶使用的橡胶，包含丁苯橡胶、顺丁橡胶、异戊橡胶、氯丁橡胶和乙丙橡胶，一般用于制造各种轮胎及一般工业橡胶制品。特种合成橡胶是指具有特殊性能和特殊用途的适应苛刻条件下使用的合成橡胶，具有耐高温、耐臭氧、耐老化和高气密性等特点，主要有硅橡胶、氟橡胶、聚氨酯橡胶、丙烯酸酯橡胶等。各类橡胶的特性及用途见表 2-5。

表 2-5　各类橡胶的特性及用途

分类	特性	用途
天然橡胶（NR）	以橡胶烃（聚异戊二烯）为主，含少量蛋白质、水分、树脂酸、糖类和无机盐等。 良好的气密性、防水性和电绝缘性，加工性能好。 耐油性、耐老化性较差	轮胎、传送带、输水胶管和机械防振零件
丁苯橡胶（SBR）	丁二烯和苯乙烯的共聚物，目前产量最大的通用合成橡胶。 性能接近天然橡胶，但耐热性、耐老化性和耐磨性较好，质地更均匀，价格便宜。 生胶强度低，抗拉强度、加工性能较差	代替天然橡胶制作轮胎、密封垫片、胶管和海绵制品

续表

分类	特性	用途
顺丁橡胶（BR）	丁二烯聚合而成的顺式结构橡胶。 弹性、耐寒性、耐磨性、耐老化性优良。 拉伸强度、撕裂强度较低	轮胎胎面、运输带及耐磨、耐寒、高弹性和耐曲挠的工业制品
异戊橡胶（IR）	异戊二烯单体聚合而成的顺式结构橡胶，称合成天然橡胶。 耐老化性能较高。 耐油、耐臭氧、弹性、加工性能较差，成本较高	轮胎、胶鞋、胶管等制品
氯丁橡胶（CR）	氯丁二烯单体聚合而成。 优良抗氧、抗臭氧性，不易燃，阻燃性好，耐油、耐酸碱、耐老化。 耐寒性、储存稳定性较差，电绝缘性不好	抗臭氧、耐老化的门窗密封条，电缆护套，耐油、耐化学腐蚀的胶管、胶带
乙丙橡胶（EPM）	乙烯和丙烯的共聚体。 耐臭氧、耐热、耐紫外线和耐老化性优异，耐极性溶剂，良好的电绝缘性、冲击弹性，比重小。 力学性能略次于天然橡胶但优于丁苯橡胶	轮胎胎侧、内胎、水箱胶管、高低压电线电缆、电气绝缘零件等
硅橡胶（Q）	主链含硅、氧原子，硅原子上通常连有两个有机基团的橡胶。 耐高低温、耐候、耐臭氧、耐电晕、电气绝缘性能好。 抗拉强度低，耐磨性差，价格较贵	绝缘子、高压断路器、互感器、变压器等电气设备
氟橡胶（FPM）	主链或侧链的碳原子上含有氟原子的合成橡胶，称橡胶王。 耐热性、耐油性、耐老化性、力学性能和电绝缘性能优异。 耐寒性、加工性差，价格昂贵	耐高温、耐油、耐多种化学药品的油封、胶管、胶带和电线电缆等
聚氨酯橡胶（PU）	主链上含有重复氨基甲酸酯基团的橡胶。 耐磨性最好，强度高、弹性好、气密性好、耐油、耐臭氧、耐老化。 易水解、不耐酸碱，滞后和生热大	鞋底料、耐磨胶条和胶带以及低速转动制品
丙烯酸酯橡胶（ACM）	丙烯酸乙酯或丙烯酸丁酯的聚合物。 良好的高温耐油性，耐老化、耐臭氧。 耐寒性差，不耐水，不耐酸碱	曲轴油封、变速箱油封、火花塞护套

2.2.3 橡胶的性能

橡胶应用范围特别广泛，种类繁多，达数万种，性能也多种多样，但大多数橡胶的性能具有以下共性。

1. 熵弹性

橡胶的可逆形变值大，弹性模量小。与能弹性不同，橡胶的熵弹性来源于大分子链形状的改变，受力时，卷曲状态的长分子链沿应力方向伸长，此时熵较小；去除外力后，熵自发增大，分子链重新回复到卷曲状态，产生弹性回复。一般来说，线型大分子链的规整性越好、含的侧基越少，橡胶的弹性越好，且分子量越高，橡胶的弹性和强度也越高。当温度低于玻璃化温度 T_g 时，或者由于结晶，橡胶将失去弹性。因此，降低其 T_g 或者避免结晶，可提高橡胶的耐寒性。

2. 黏弹性

橡胶在外力作用下产生的形变受时间和温度等影响，常见的有应力松弛和蠕变现象。温度升高，蠕变和应力松弛增大。

3. 缓冲减振作用

橡胶的弹性、柔软性、黏弹性等结合起来，对声音和振动有一定的缓冲作用，因此可用于减振的制品。

4. 温度依赖性大

橡胶的性能受温度影响较大。低温时，橡胶处于玻璃态，会发生脆化；而高温时，橡胶会软化、熔融、热氧化、热分解甚至燃烧等。

5. 电绝缘性

和塑料一样，橡胶也是电绝缘材料，尤其是硅橡胶和乙丙橡胶，常用于制备复合绝缘子的伞裙。此外，也可加入某些助剂降低绝缘性，制备“导电橡胶”。

6. 老化性

橡胶材料在储存和使用过程中，化学结构受到破坏，变软或硬脆龟裂，表面粗糙，力学性能下降，随着时间的推移而逐渐失效，即发生老化。硅橡胶耐老化性能最好，乙丙橡胶耐老化性较差，但价格低廉。除此之外，橡胶硬度低，柔软性好；比重小，质量轻；透气性差，可做密封和防水材料。

2.2.4　橡胶的制备

橡胶制品是以生胶为主要成分、添加各种配合剂和增强材料制成的。生胶是指没有加入配合剂、未经硫化的橡胶。配合剂用于改善橡胶性能，其分类如下。

(1) 硫化体系：硫化剂、活性剂、促进剂、防焦剂。

(2) 防护体系：化学防老剂、物理防老剂。

(3) 填充补强剂：炭黑、矿质填料短纤维。

(4) 软化增塑剂：操作油系列、松焦油系列、煤焦油系列、合成酯类。

(5) 加工助剂体系：塑解剂、分散剂、均匀剂。

(6) 其他助剂：着色剂、阻燃剂等。

任何橡胶的胶料都需要进行配方设计，合理选用原材料，并确定其用量配比。

以复合绝缘子的伞裙为例，国内常采用甲基乙烯硅橡胶为基体，添加偶联剂、阻燃剂、补强剂、抗老化剂等填料。其制备工艺流程包括塑炼、混炼、成型、硫化等工序，如图 2-3 所示。其中，塑炼用于提高生胶的塑性，混炼用于将炭黑、各种橡胶助剂和橡胶混合成胶料。胶料再经后续的压出制成一定形状的坯料，最后进行硫化处理，获得高弹性制品。

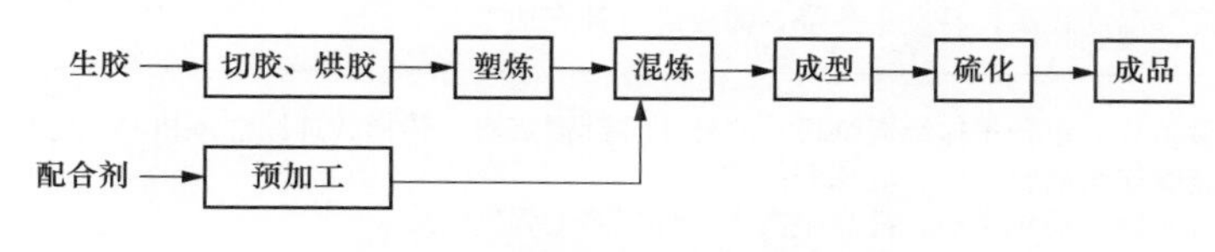

图 2-3　橡胶制备工艺流程图

为了达到橡胶的某项使用性能，还应在生产工艺中增加辅助措施。例如，为增加强度，可加入硬质炭黑和酚醛树脂；为提高耐磨性，可配用硬质炭黑；为提高气密性，应少用挥发性高的组分；为提高电绝缘性，可配用抗静电剂；为提高耐油性，可充分交联、少用增塑剂等。

复合绝缘子伞裙常见的缺陷主要是发生在成型过程中的开裂和卷气，而消除缺陷的解决方法贯穿整个生产工艺，需从各个工序进行优化。

1. 塑炼

塑炼是指将生胶的长链分子降解，降低生胶的弹性，获得可塑性的过程。塑炼有利于后续混炼时配合剂在生胶中均匀分散，也有利于提高胶料的渗透性和成型流动性。

根据所用设备的不同，塑炼可分为开炼机塑炼、密炼机塑炼和螺杆机塑炼三种，塑炼的分类及特征见表 2-6。

表 2-6　塑炼的分类及特征

分类	特征
开炼机塑炼	属于低温塑炼。 塑炼胶料质量好，收缩小。 生产效率低，劳动强度大，适宜于胶料变化多和耗胶量少的企业
密炼机塑炼	属于高温塑炼。 生产能力大，劳动强度较低。 属于密闭系统，清理较难，仅适用于胶种变化少的场合
螺杆机塑炼	属于高温连续塑炼。 生产能力大，适用于机械化、自动化生产

2. 混炼

混炼是将塑炼后的生胶与配合剂混合，通过机械搅拌作用，使配合剂均匀分散在生胶中的过程。混炼工艺可分为开炼机混炼、密炼机混炼和连续混炼，混炼的分类及特征见表 2-7。

表 2-7　混炼的分类及特征

分类	特征
开炼机混炼	主要含包辊、吃粉和翻炼三个阶段。 存在未流动“死层”，必须辅以切割翻炼，使混炼均匀
密炼机混炼	分为一段混炼法、二段混炼法和逆混炼。 混炼容量大，混合效率高，混炼时间短，易于机械化、自动化，劳动强度低，安全、环保，胶料质量好。 混炼温度较高，易发生焦烧，需要进行补充加工
连续混炼	设备分为单转子连续混炼机、双转子连续混炼机、传递式连续混炼机和双螺杆挤出机。 能够连续加料、连续混炼和排胶。 可实现自动化生产，提高生产率，降低劳动强度

3. 成型

橡胶的成型工艺主要有压延成型、压出成型和注塑成型。压延成型通过压延机辊筒的压力使混炼胶延展成一定断面形状的橡胶制品，常见的压延机种类及压延过程如图 2-4 所示。压出成型利用压出机中旋转的螺杆推动混炼胶前进，实现挤压成型，压出成型过程如图 2-5 所示。注塑成型通过注射机加热混炼胶并将其注入模型，同时发生硫化而获得制品，注塑成型工艺如图 2-6 所示。三种成型方法的特征及用途见表 2-8。

4. 硫化

硫化是橡胶生产过程中的最后一道工序。硫化是指线型结构的高分子胶料通过交联作用而转变为网状结构的工艺过程，即由塑性橡胶转化为弹性橡胶或硬质橡胶的过程。

根据硫化温度的不同，硫化可分为冷硫化、室温硫化和热硫化。冷硫化工艺是指在一氯化硫溶液中浸渍几秒或几分钟的工艺，产品老化性能差，已被淘汰。室温硫化是在室温下进行的硫化工艺，用于室温硫化胶浆的制备。热流化是在加热条件下进行的工艺，目前大多数橡胶制品采用该方法。此外，根据硫化设备不同，可分为硫化罐硫化、平板硫化机硫化和压注硫化，硫化的分类及特征见表 2-9。

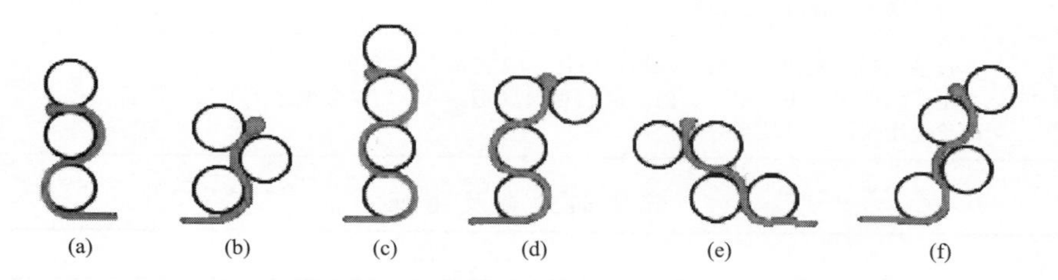

图 2-4　压延机种类及压延过程示意图

(a) 三辊Ⅰ型；(b) 三角型；(c) 四辊Ⅰ型；(d) 四辊Ⅱ型；(e) 正 Z 型；(f) 斜 Z 型

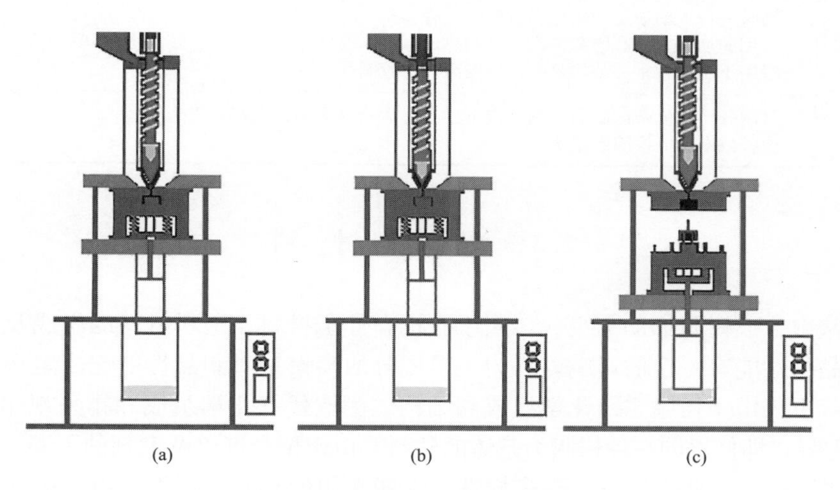

图 2-5　压出成型过程示意图

(a) 合模；(b) 压出；(c) 开模

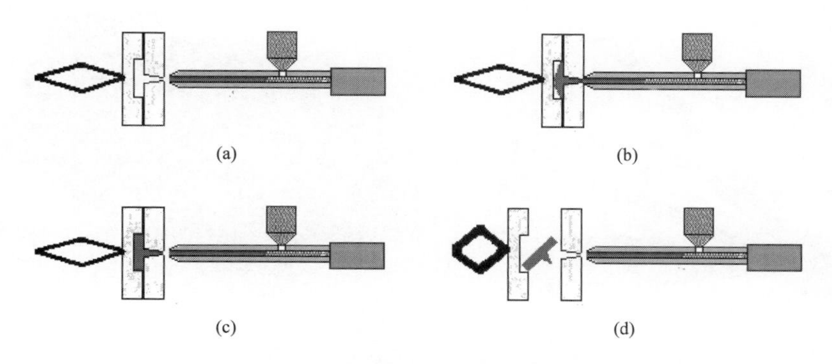

图 2-6　注塑成型工艺示意图

(a) 合模；(b) 注射；(c) 冷却；(d) 开模

表 2-8 三种成型方法的特征及用途

分类	特征	用途
压延成型	压延机分为压片压延机、擦胶压延机、通用压延机、压型压延机、贴合压延机和钢丝压延机。 需考虑不同橡胶的压延性能	胶料的压片、压型，纺织物和钢丝帘等的贴胶、擦胶，胶片与胶片或胶片与挂胶织物的贴合
压出成型	压出之前需要对胶料进行预热，以保证橡胶制品表面光滑、尺寸精确。 需考虑不同橡胶的压出特性	各种复杂形状的制品、轮胎胎面胶、电线电缆外皮
注塑成型	包括喂料、塑化、注射、保压、硫化、脱模等。 生产周期短、生产率高，内外层胶料温度均匀，硫化速度快，产品质量好	复合绝缘子伞裙、护套等

表 2-9 硫化的分类及特征

分类	特征
硫化罐硫化	采用硫化罐进行硫化，硫化介质有饱和蒸汽、热空气、热空气与饱和蒸汽的混合等。 压力小，制品致密性差，易产生气泡
平板硫化机硫化	同时进行流动成型和硫化反应两个过程。 采用的加热方式有饱和蒸汽、电和热油。 适用于制造致密、结构复杂、精度高的橡胶制品
压注硫化法	可制备形状复杂的制品，制品致密性高，流胶损失小，生产效率高。 设备成本高，模腔数量少

2.3 塑料材料

塑料通常由合成树脂加助剂组成，属于有机高分子材料。塑料材料的组成及各组分之间的配比对制品的性能有一定的影响，作为主要成分的高聚物对制品性能起决定作用。不同塑料品种之间，不仅由于树脂主链化学组成和结构、侧取代基化学组成和排列规律（构型）的不同有很大差异；即使以同一种树脂为基体的塑料，由于聚合度以及助剂的不同，性能也有很大不同，导致塑料的品种、品级出现多样性，性能和用途具有广泛性。由于电气绝缘性能优良，塑料材料在电力行业、电子电器中得到广泛应用。塑料在电力行业中的应用如图 2-7 所示。

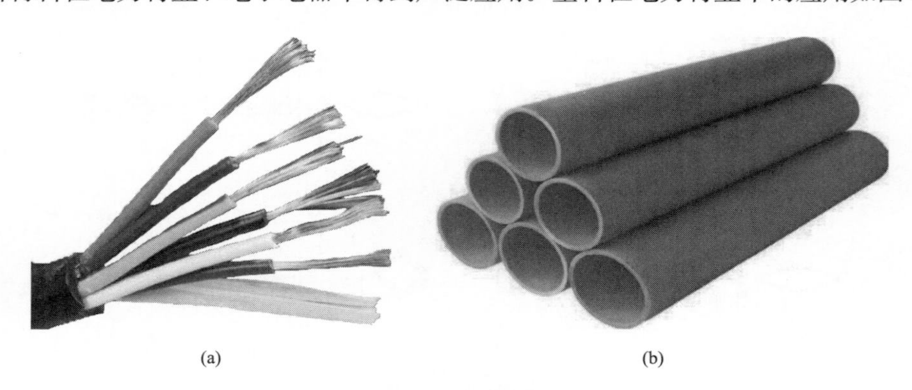

(a) (b)

图 2-7 塑料在电力行业中的应用
（a）电缆绝缘材料；（b）电缆保护管

2.3.3　塑料材料的特性与老化原因及表现形式

2.3.3.1　塑料材料的特性

1. 质量轻

普通塑料的密度为0.83～2.3g/cm^3，大约是木材的1/2、钢材的1/5。如用发泡法得到的泡沫塑料，其密度可以小到0.01～0.5g/cm^3。由于质量轻，故塑料特别适合制造轻巧的日用品和家用电器零件。

2. 比强度、比刚度高

塑料的力学性能相对金属要差。塑件的刚度与木材相近，拉伸强度一般为10M～500MPa。但由于塑料的密度小，所以按单位质量计算相对的强度和刚度（即比强度和比刚度）比较高。因此，特殊塑料如纤维增强塑料拉伸比强度可高达170M～400MPa，比一般钢材（约为160MPa）要高得多。通常，塑料的比强度接近或超过普通的金属材料，因此可用于制造受力不大的一般结构件。

3. 化学稳定性能好

一般塑料均具有一定的抗酸、碱、盐腐蚀的能力，有些塑料除此之外还能抗潮湿空气、蒸汽的腐蚀。其中，聚四氟乙烯最为突出，它对强酸、强碱及各种氧化剂等腐蚀性很强的介质都有很强的抗腐蚀能力，甚至能耐沸腾的王水以及和工业中强氧化剂五氟化铀的腐蚀。

4. 电气绝缘件能好

塑料具有优良的电气绝缘性能，其相对介电常数低至2.0（比空气高一倍），而高值可达空气的几十倍甚至更高。发泡塑料的介电常数为1.2～1.3，接近空气。常用塑料的电阻通常在10^{14}～10^{16}Ω范围之内，大多数塑料都有较高的介电常数，无论是在高频还是在低频，在高压还是在低压下，绝缘性能都十分优越。塑料的耐电弧性好，介电损耗极小，所以被广泛应用于机电、电器、电子工业中。

5. 减摩、耐磨性能优良及减振消声性好

塑料的摩擦因数小，具有良好的减摩、耐磨性能。某些塑料摩擦副、传动副可以在水、油和带有腐蚀性的溶液中工作，也可以在半干摩擦、全干摩擦条件下工作，具有良好的自润滑性能。同时，一般塑料的柔韧性比金属要大得多，当其受到频繁机械力冲击与振动时，因阻尼较大而具有良好的吸振与消声性能，这对高速运转的摩擦零部件以及受冲击载荷作用的零件具有重要意义。如一些高速运转的仪表齿轮、滚动轴承的保持架、机构的导轨等可采用塑料制造。

6. 热导率低

塑料的热导率比金属低得多，一般为0.17～0.35W/（m·℃）；而钢的热导率为46～70W/（m·℃），它们之间相差数百倍。利用热导率低的特点，塑料可以用来制作需要保温和绝热的器皿或零件。

7. 成型加工性能优良

塑料材料具有良好的可模塑性、挤压性和可延展性。此外，塑料还具有良好的成型加工性、焊接性、可电镀性和着色能力。

与其他材料相比，塑料也有一定的不足之处。如塑料成型时收缩率较高，有的高达3%以上，并且影响塑料成型收缩率的因素很多，这使得塑料制件要获得高的精度难度很大，故塑件精度普遍不如金属零件；塑料制件的使用温度范围较窄，塑料对温度的敏感性远比金属或其他非金属材料大，如热塑性塑料制件在高温下易变软产生热变形；塑料制件在光和热的作用下容易老化，使性能变差；塑料制件若长期受载荷作用，即使温度不高，其形状也会产生“蠕变”，且这种变形是不可逆的，从而导致塑料制件尺寸精度的丧失。这些缺陷都限制着塑料材料的应用。

2.3.3.2 塑料的老化原因及表现形式

一般电压等级较高的电力电缆常采用挤出成型的交联聚乙烯（XLPE），聚氯乙烯等，护套材料一般采用聚氯乙烯、聚丙烯等。电线电缆绝缘体的老化是电气火灾的最主要的原因。

1. 电线电缆塑料绝缘材料老化类型及原因

绝缘材料在使用一定的年限以后，绝缘性能都会呈现一定程度的劣化，这被称为绝缘老化。绝缘材料的老化原因是多样的、复杂的，最具代表性的主要有热老化、机械老化、电老化等。老化后的绝缘材料不能够抵抗电磁场，也不能有效地阻断电流，因此便容易造成短路和漏电现象。塑料绝缘材料的老化类型及原因见表 2-12。

表 2-12　塑料绝缘材料的老化类型及原因

老化类型	原因
热老化	绝缘材料长期在高热的温度下自身发生了化学变化。热老化现象的产生主要是电线电缆自身产生的较大热量所导致的，通常是局部放电漏电的现象导致的温度上升
机械老化	电线电缆的绝缘材料因为外界的机械力产生缺陷变化，这些缺陷伴随着时间的流逝以及机械力的大小而进一步地恶化，直到破坏绝缘材料从而导致漏电
电老化	产生机制复杂，绝缘材料被电流击穿后不仅产生物理变化，还会发生化学变化。电老化的绝缘击穿分为以下两种。 （1）电击穿：经过电线电缆的电流过于强大，超出绝缘材料的承受范围，导致绝缘材料被强大的电流击穿的现象。 （2）热击穿：电流在绝缘材料的承受范围之内，可是微电流集中在一处，使集中处温度上升，从而导致绝缘材料被击穿的现象

2. 电线电缆塑料护套材料的开裂类型

电线电缆在生产和使用的过程当中经常会遇到护套开裂的现象，这种现象的产生，不仅给用户以及企业带来巨大的损失，还有可能对人身安全造成威胁。塑料护套材料的开裂类型及原因见表 2-13。

表 2-13　塑料护套材料的开裂类型及原因

开裂类型	原因
机械性损伤开裂	机械性损伤开裂主要分为外部损伤和内部缺陷：外部损伤主要是由于外力作用所导致的碰伤、刮伤、加工时的切伤等；内部缺陷在使用过程当中经过电流作用进一步地恶化
化学开裂	主要是腐蚀性的化学物质与高分子材料发生了化学反应，从而造成化学键高分子膨胀，在护套材料的整体结构上呈现开裂现象
老化开裂	老化开裂又分为电老化、热老化和光老化，其主要原理是光、电、热对高分子进行长期的侵扰，导致高分子内部发生了氧化反应，高分子化学键出现断裂，分子降解，从而导致整体结构上呈开裂现象

2.3.4 塑料材料的制备

塑料成型是塑料加工的关键环节，它是指将各种形态的塑料（粉、粒料、溶液或分散体）制成所需形状的制品或坯件。成型的方法多达三十几种，它的选择主要取决于塑料的类型（热塑性还是热固性）、起始形态以及制品的外形和尺寸。加工热塑性塑料常用的方法有挤出、注塑成型、压延、吹塑和热成型等，加工热固性塑料一般采用模压、传递模塑，也可采用注塑成型。层压、模压和热成型是使塑料在平面上成型。此外，还有以液态单体或聚合物为原料的浇铸等。在这些方法中，以注塑成型和挤出成型用得最多，也是最基本的成型方法。

1. 注塑成型

注塑成型也称注射成型，是利用注射机将熔化的塑料快速注入模具中并固化得到各种塑料制品的方法。注塑成型流程如图2-8所示，注塑成型设备如图2-9所示。

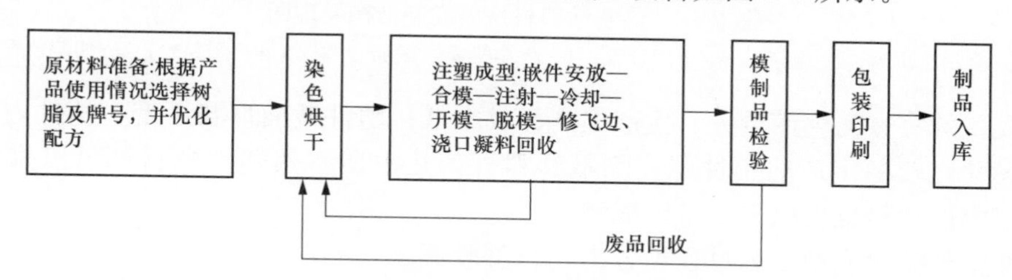

图2-8　注塑成型流程图

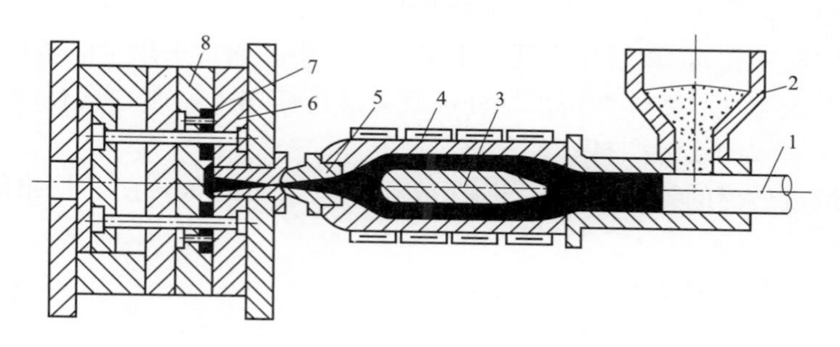

图2-9　注塑成型设备示意图

1—柱塞；2—料斗；3—分流梭；4—加热器；5—喷嘴；6—定模板；7—塑件；8—动模板

（1）注塑成型的优点：成型周期短；能一次成形形状复杂件、尺寸精确、带有金属或非金属嵌件的塑料制件；对成型各种塑料的适应性强；生产率高，易于实现全自动化生产等。

（2）注塑成型的不足之处：设备和模具费用较高，主要用于大批量塑料件的生产。注塑料制件从模腔中取出后通常需进行适当的后处理，以消除塑料制件在成形时产生的应力、稳定尺寸和性能。此外，还有切除毛边和浇口、抛光、表面涂饰等。

（3）注塑成型的应用范围：几乎所有的热塑性塑料（氟塑料除外）均可采用此方法，也可用于某些热固性塑料的成形。注塑成型被广泛应用于各种塑料制件的生产中，其产品占目前塑料制件生产的30%左右。

2. 挤出成型

挤出成型一般用于热塑性塑料成型，热塑性塑料挤出成型的结构原理如图2-10所示（以管材挤出为例）。首先将粒状或粉状塑料加入料斗中，在旋转的挤出机螺杆的作用下，塑料沿螺杆的螺旋槽向前方输送。在此过程中，不断地接受外加热和螺杆与物料、物料与机料及物料与机筒之间的剪切摩擦热，逐渐熔融呈黏流态。然后，在挤压系统的作用下，塑料熔体通过具有一定形状的挤出模具（机头）口模以及一系列辅助装置（定型、冷却、牵引、切割等装置），从而获得截面形状一定的塑料型材。

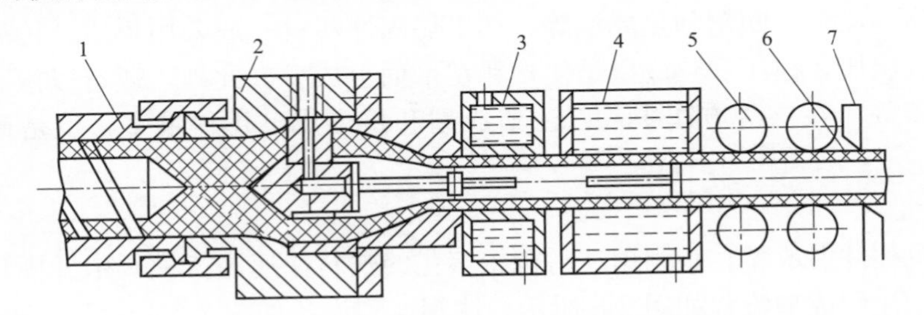

图 2-10　热塑性塑料挤出成型结构原理图

1—挤出机机筒；2—机头；3—定型装置；4—冷却装置；5—牵引装置；6—塑料管；7—切割装置

挤出成型的特点：生产量大、生产率高、成本低；塑件截面形状不变，塑件内部组织均衡紧密、尺寸比较稳定；适用性强，除氟塑料外，几乎所有热塑性塑料都可以采用挤出成型，少量热固性塑料也可以采用挤出成型。

热塑性塑料挤出成型工艺过程可分为三个阶段：

（1）塑化。塑料原料在挤出机的机筒温度和螺杆的旋转压实混合作用下，由粒状或粉状转变成黏流态物质（常称为干法塑化），或将固体塑料在机外溶解于有机溶剂中而成为黏流态物质（常称为湿法塑化），然后加入到挤出机的机筒中。通常采用干法塑化方法。

（2）成型。黏流态塑料熔体在挤出螺杆螺旋力推挤作用下，通过具有一定形状的口模得到截面与口模形状一致的连续型材。

（3）定型。通过适当的处理方法，如定型处理、冷却处理等，使已挤出的塑料连续型材固化为塑料制件。

常见挤出成型工艺过程如图 2-11 所示。

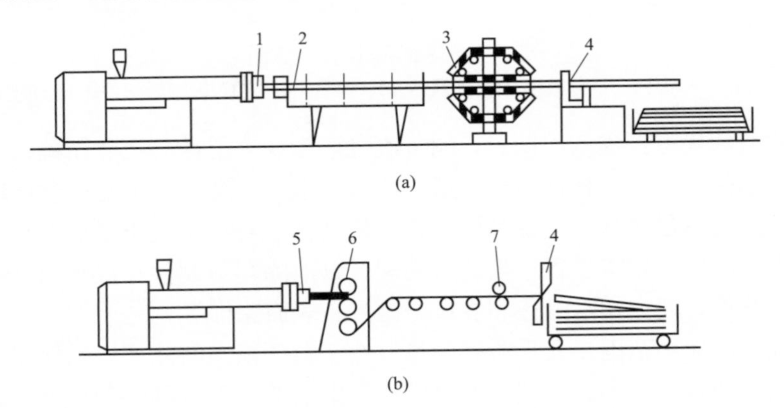

图 2-11　常见的挤出成型工艺过程示意图

（a）管材挤出；（b）片（板）材挤出

1—挤管机头；2—定型与冷却装置；3—牵引装置；4—切割装置；5—片（板）坯挤出机；6—碾平与冷却装置；7—切边与牵引装置

挤出成型应用范围很广，能生产管材、棒材、板材、异形材、薄膜、单丝、电线与电缆护套，以及中空制品等。

2.4 玻璃材料

从广义上来说，玻璃这一名词包括了玻璃态、玻璃材料和玻璃制品等多种含义。玻璃态是指物质的一种状态；玻璃材料是指用作结构材料、功能材料或新材料的玻璃；玻璃制品则指玻璃容器、玻璃瓶罐等。对玻璃的定义应包括玻璃态、玻璃材料和玻璃制品三者的内涵和特征。

随着科技的发展，玻璃材料的定义也在不断丰富化。在日常生活中，为了方便使用，人们常在狭义上将玻璃定义为采用无机矿物为原料，经熔融、冷却、固化所产生的、具有无规则结构的非晶态物质；而在广义上，一般认为玻璃是呈现玻璃转变现象的非晶态固体（玻璃转变现象是指当物质由固体加热或由熔体冷却时，在相当于晶态物质熔点绝对温度的 1/2～2/3 这一温度范围内出现热膨胀、比热等性能的突变）。

玻璃材料在日用器皿、建筑工程、机械工业、化工、电气、国防等领域都具有极其广泛的应用，是一种重要的工程材料。日常的玻璃用品如图 2-12 所示。

2.4.1 玻璃的发展历程

玻璃最初是由火山喷出的酸性岩凝固而得。约公元前 3700 年，埃及人就已经制造出了简单的玻璃用具，但此时只有有色玻璃。大约在商代，中国制造出了琉璃玻璃。公元 12 世纪，出现了商品玻璃，并开始成为工业材料。18 世纪，为适应研制望远镜的需要，出现了光学玻璃。到了 1873 年，比利时率先研制出平板玻璃。1906 年，美国研制出平板玻璃引上机。自此玻璃的生产开始规模化和商业化，各种用途和性能的玻璃相继问世。

图 2-12　日常的玻璃用品

在现代，玻璃工业属于基础的原材料产业，其产品和衍生品广泛应用于建筑、交通运输、电子信息、太阳能等各个新兴产业中。自 1989 年起，我国平板玻璃产量一直占据世界首位。除了平板玻璃，各种新式玻璃种类也在不断增长，如超薄玻璃、超厚玻璃、镀膜玻璃等。除此以外，我国玻璃生产制造工艺也有了很大的发展，国内自行开发的预处理、钢化、中空、夹层、镀膜等系列配套设备大大降低了玻璃生产的成本。据悉，我国玻璃加工行业 80%的生产商都采用国产设备生产玻璃，这正是我国玻璃加工行业欣欣向荣的一个有力证明。

2.4.2 玻璃的分类

根据不同的分类方式，玻璃材料可分成不同种类：按玻璃的用途和使用环境可分为日用玻璃、技术玻璃、建筑玻璃、玻璃纤维等；按玻璃的特性可分为平板玻璃、光学玻璃、电真空玻璃等。本节从成分出发，将玻璃材料分为氧化物玻璃和非氧化物玻璃两类，并简单介绍电网设备中玻璃材料的应用情况。玻璃的分类与电网设备常用玻璃产品见表 2-14。

表 2-14　　玻璃的分类与电网设备常用玻璃产品

分类	玻璃材料	电网设备常用玻璃产品
氧化物玻璃	硅酸盐玻璃	玻璃绝缘子（如钢化玻璃）、玻璃纤维、玻璃钢等（主要以硅酸盐玻璃为主，常用作各类发电厂设备制造）
	硼酸盐玻璃	
	磷酸盐玻璃	
	锗酸盐玻璃	
	碲酸盐玻璃	
	铝酸盐玻璃	
非氧化物玻璃	硫系玻璃	—
	卤化物玻璃	
	硫卤玻璃	

1. 非氧化物玻璃

相比较氧化物玻璃，非氧化物玻璃的种类和数量都较少，主要有硫系玻璃、卤化物玻璃及硫卤玻璃等。非氧化物玻璃往往具有优良的光电性能，被广泛应用于红外技术、光纤传感、信息与能量传输及切换等领域。

（1）硫系玻璃是以周期表Ⅵ族中的元素硫、硒、碲等为主并引入一定量的其他适宜元素所制造出来的玻璃，可通过气相沉积法、熔体淬冷法等方式制备。这类玻璃往往具有良好的近红外至中红外透过性能和良好的化学稳定性，热膨胀系数和折射率都较高，软化温度较低，本征吸收较大。除了硫族单质或两种硫族元素或化合物所形成的玻璃外，一般的硫族化合物玻璃系统主要有两类，一类为Ⅴ-Ⅵ族，另一类为Ⅳ-Ⅵ族。

（2）对卤化物玻璃的研究是从 20 世纪 80 年代开始的，一般指负离子由ⅦA 族元素（即氟、氯、溴、碘等元素）组成的一类非晶态材料，其结构特点为通过Ⅶ族元素的联结作用，将结构单元连接成架状、层状或链状结构。这类玻璃在可见光到中远红外这段波长范围内性能优异、本征损耗很低，但是玻璃形成能力较差，玻璃转变温度低，化学稳定性也较差，与硫系玻璃具有互补性。

（3）为了结合卤化物玻璃和硫系玻璃的优势，近年来还提出了硫卤玻璃。研究发现 $AseSe_1$-GeTe-AgI、$AseSe_1$-GeTe-CuI、$AseSe_1$-AsTe-CuI 和 $AseS_3$-Ag_2S-HgI_2 等四类三元系统的玻璃形成范围较大，玻璃的形成能力较好，具有广泛应用前景。

2. 氧化物玻璃

根据玻璃成分中主要氧化物的种类，可将氧化物玻璃分为硅酸盐玻璃、硼酸盐玻璃、磷酸盐玻璃、锗酸盐玻璃、碲酸盐玻璃和铝酸盐玻璃等。

（1）硅酸盐玻璃是指基本成分主要是二氧化硅（SiO_2）的玻璃，其品种多、应用范围广。根据二氧化硅、碱金属以及碱土金属氧化物的含量不同，还可将其分为高硅氧玻璃、石英玻璃、钠钙玻璃、铅硅酸盐玻璃、铝硅酸盐玻璃、硼硅酸盐玻璃等。

（2）硼酸盐玻璃是指以氧化硼（B_2O_3）为主要成分的玻璃，其熔融温度低，可抵抗钠蒸汽的侵蚀。其中含稀土元素的硼酸盐玻璃折射率较高、色散低，是一种新型光学材料，但这类玻璃在制备中很容易产生分相现象。

（3）磷酸盐玻璃是指以五氧化二磷（P_2O_5）为主要成分的玻璃，其折射率低、色散率低，具有较高的热膨胀系数，低的熔点和软化温度以及高电导率，常用于制造光学玻璃、透紫外线玻璃、吸热玻璃和耐氢氟酸玻璃等。但这类玻璃化学稳定性较差，日常生产中常加入各种氧化物以改善其化学稳定性。

（4）锗酸盐玻璃是指以氧化锗（GeO_2）为主要成分的玻璃，具有很高的红外透射性、化学稳定性好、机械强度较高、软化温度较高，但这种玻璃黏度较大，不易澄清，炼制困难，并由于锗稀少而价格高昂，其应用受到限制。

（5）碲酸盐玻璃是指以二氧化碲（TeO_2）为主要成分的玻璃。此类玻璃具有较高的折射率、较宽的红外透射范围、较低的熔化温度，因而被广泛应用于光通信元器件、红外光学材料以及非线性光学材料等。

（6）铝酸盐玻璃是指以氧化铝（Al_2O_3）为主要成分的玻璃。与含有氧化铝的硼酸盐玻璃不同，这种玻璃是以摩尔组成计且含有比氧化硼玻璃更多的氧化铝。此类玻璃其特征为黏度变化较快，具有较高的退火点、应变点以及离子迁移率。另外，碱土铝硅酸盐还具有紧密的结构，因此电阻率高而气体渗透率低。

3. 电网设备中的玻璃材料

随着玻璃材料的种类与功能日益丰富，电力行业中玻璃材料的使用率也开始逐渐增加。目前，在电网设备中，使用玻璃材料最多的主要是防雨罩、电缆支架、绝缘子等，其使用种类主要以硅酸盐玻璃为主。另外，在火电厂等电力场所中所用到的脱硫除尘设备、防腐处理设备；风力发电厂的风电叶片；核电站中的输水管路等，也常使用玻璃材料（如玻璃钢）作为主要的制造原料。

（1）应用于防雨罩与电缆支架等领域的玻璃材料主要是玻璃纤维增强塑料复合材料。这种材料一般是用玻璃纤维增强不饱和聚酯、环氧树脂与酚醛树脂作为基体，以玻璃纤维或其制品作增强材料的增强塑料，也称为玻璃钢。这种材料电性能优良（是优良的绝缘材料，高频下仍能保持良好的介电性）、耐腐蚀、热传导性能佳、质量轻、强度高，在电力行业应用前景广泛。

（2）绝缘子按其使用原料可分为瓷绝缘子、玻璃绝缘子以及复合材料绝缘子。相比瓷绝缘子和复合材料绝缘子，玻璃绝缘子具有介电性能优良、老化速度缓慢、机械性能较好、耐温差、容易维护、零值自爆等优点，因而在电力设备运行过程中被广泛使用。目前使用最广泛的是钢化玻璃绝缘子。

（3）在火电厂中，由于玻璃材料具有不易老化、强度高等优点，常将玻璃材料应用于除尘脱硫装置、循环水系统、防腐烟道；在风力发电厂中，则将其应用于风力机叶片中；在核电站中则主要应用于输送淡水、冷却水、生活污水或用于护栏等。

2.4.3　玻璃的性能

玻璃态物质一般具有以下五个特性：

（1）呈各向同性。由于其结构近程有序、长程无序、质点排布无规则，但整体均匀分布的特点，导致玻璃态物质的物理化学性能在各方向上都是相同的。但必须指出的是，当结构中存在内应力时，玻璃的均匀性就会被破坏，显示出各向异性，例如双折射现象。此外，由于表面和内部结构上的差异，玻璃的表面与内部的性质往往是不同的。

（2）由于玻璃态物质一般是由熔融体过冷得到，它不处于能量最低的稳定状态，而呈介稳态。从热力学上来说，玻璃态是不稳定的，有自发向晶体转变的趋势；但在动力学上，由于它在常温下黏度很大，状态相当稳定，因此玻璃不会真地转变成晶体。

(3) 熔融态转变为玻璃态的过程是渐变的、可逆的，在一定温度范围内完成，无固定熔点，这种渐变过程使玻璃材料具有较好的加工性能。

(4) 玻璃的成分在一定范围内可以连续变化，相应的物理化学性质也会随成分发生连续的、逐渐的变化。

(5) 玻璃态物质由熔融态冷却（或加热）过程中，其物理化学性质产生逐渐且连续的变化，并且这种变化是可逆的。

在日常生产生活中，人们往往关注玻璃材料的以下几种基本性能：

(1) 强度。玻璃抗拉强度较弱、抗压强度较强。

(2) 硬度。玻璃的硬度比一般金属更高，其硬度仅次于金刚石、碳化硅等。

(3) 光学特性。大部分玻璃材料都具有较高透明度，也可通过改变玻璃成分和工艺条件使其光学性能发生很大变化。

(4) 电学性能。在一般情况下，常温时大部分玻璃材料都是电的不良导体；但当温度上升时，玻璃的导电性能迅速提升，熔融状态下成为良导体（目前导电玻璃材料已经问世，相信玻璃材料将在电学性能上有很大突破）。

(5) 热性质。玻璃材料一般都是热的不良导体，承受不了剧烈的温度变化。

(6) 化学稳定性。玻璃的化学性质一般比较稳定，耐酸腐蚀性较高，而耐碱腐蚀性较差。

2.4.4 玻璃的制备

玻璃材料的生产制造环节几乎决定了最终成品的质量高低。简单来说，玻璃的生产过程主要可分为五个步骤，玻璃的生产流程如图 2-13 所示。

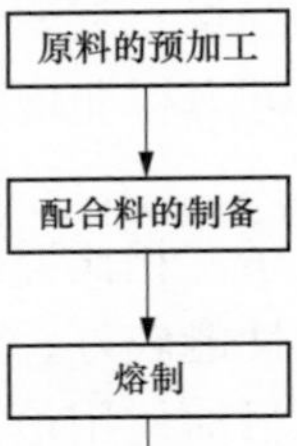

原料的预加工 → 配合料的制备 → 熔制 → 成型 → 热处理

图 2-13 玻璃生产流程图

下面以钢化玻璃绝缘子为例，简单描述其生产过程。

1. 原料的预加工

玻璃原料一般可以分为主要原料与辅助原料两种。在一般玻璃中，其主要成分一般有氧化硅、氧化钠、氧化钙、氧化铝、氧化镁等，为了引入上述成分而使用的原料称为主要原料；辅助原料一般是为了使玻璃获得某种必要的性质或是为了加速玻璃熔制过程而引入的，一般生产中会用到的辅助原料有澄清剂、着色剂、脱色剂、乳浊剂、助溶剂等。原料的预加工有利于物料的流动与均匀混合，加快原料的溶解，有利于物料的精选，提高了成品的质量。

在钢化玻璃绝缘子的生产中，其原料主要包含石英砂、长石、石灰石、白云石、纯碱、碳酸钾等。其中，石英砂的主要成分为二氧化硅；长石为富含钙、钠、钾的铝硅酸盐；白云石为富含镁、钙的碳酸盐；纯碱是玻璃熔制过程中生成硅酸盐的原料，同时也与碳酸钾一起作为玻璃熔制时的澄清剂，用以去除气泡。

2. 配合料的制备

在此步骤中，一般遵循根据原料块度、硬度、粉碎要求和设备性能等进行选择的原则。整个过程包括原料的破碎（粉碎）、筛分、配置、混合。影响整个配合料制备过程的因素有：①原料的物理性质（如密度、颗粒组成等），一般来说不同原料之间的性质越接近，越容易混合；②加料顺序；③加水量；④加水方式；⑤混合时间，混合时间过长或过短都会有影响；⑥碎玻璃的影响。

3. 熔制

在整个熔制过程中，按具体变化过程分，可将熔制过程分为硅酸盐的形成、玻璃的形成以及玻璃液的澄清均化和冷却。

(1) 在硅酸盐的形成阶段将产生氧化硅和硅酸盐的不透明烧结产物。一般该过程发生在900℃左右，且反应速度很快。影响该过程的因素有熔化温度、反应物的量、原料颗粒度、配合料的均匀度等。

(2) 在玻璃的形成阶段中，发生的变化包括氧化硅的断键、溶解以及溶解后的氧化硅向熔体的扩散。一般该过程发生在1200℃左右，反应速度较快，最终结果是产生了不均匀、含有气泡的玻璃液。

(3) 玻璃液的澄清是指去除玻璃液中可见气泡的过程。气体一般是由于配合料水分的分解与蒸发、配合料中存在的孔隙、挥发组分的挥发、氧化物的氧化还原、耐火材料的孔隙等因素产生，以可见气泡或物理溶解、化学溶解等形式存在于玻璃液中，严重降低了玻璃液的质量。日常生产中，可通过加澄清剂、延长澄清时间、提高澄清温度、高压或真空冶炼、玻璃液的沸腾与搅拌等措施帮助澄清过程的进行。

(4) 玻璃液的均化包括玻璃液成分与温度的均匀化。导致玻璃液不均的原因有很多，如玻璃液导热性差、耐火材料被侵蚀、配合料不均匀、熔化过程不稳定等。生产中一般通过不均质体的扩散、玻璃液的对流均化、因气泡上升而引起的搅拌等使玻璃液均化。

(5) 在玻璃液的冷却过程中，一般要求玻璃液冷却到适合成型的温度，且不破坏玻璃的均匀性、不产生二次气泡（二次气泡为均匀分布，直径小于0.1mm，数量多，不容易消除）。

由于钢化玻璃绝缘子产品自身的特性，目前采用能进入制品内腔的活动封口和高精度的吹头，既能保证制品的快速冷却，又能尽量减少变形。

4. 成型

玻璃的成型通常可分为冷成型和热塑成型。冷成型又可分为物理成型和化学成型；热塑成型可细分为浮法成型、压制成型、吹制成型、压延成型、拉制成型、浇铸成型、离心成型、喷吹成型等。

(1) 浮法成型是常用的玻璃成型方式之一。它的优点在于成型时无需克服玻璃本身的重力；可以充分发挥玻璃表面张力的作用；玻璃带横向温度较为均匀；容易生产较薄或较厚的玻璃；成型过程中温度下降较慢、拉引速度快；可以较大限度避免玻璃结晶缺陷；容易实现切装机械化、自动化等。

(2) 玻璃压制成型是在模具中加入玻璃熔料加压成型，如图2-14所示。

图2-14　玻璃压制成型

(3) 玻璃吹制成型是先将玻璃黏料压制成雏形型块，再将压缩气体吹入热熔状态的玻璃型块中，使之膨胀成为中空制品。吹制成型又可分为人工吹制成形和机械吹制成形。人工吹制成型如图2-15

所示。

（4）玻璃压延成型一般用于制造刻花玻璃、夹丝玻璃以及少量特殊用途的平面玻璃。压延法可分为间歇压延法、半连续压延法、连续压延法等，它们都是通过一定的方式进行辊压制备。玻璃压延成型如图 2-16 所示。

图 2-15　玻璃人工吹制成型

图 2-16　玻璃压延成型

目前一般通过全自动液压成型机实现玻璃液压制成玻璃绝缘子的过程，如四冲头机构、多导向的水冷却单冲头上模机构、分度机构等。压制形状依靠模具进行控制，同时对压制一片绝缘子所用的玻璃液用量进行控制，以保证绝缘子产品的一致性。

5. 热处理

玻璃在成型过程中经受了剧烈的温度和形状变化，这种变化会在玻璃内部留下热应力，降低玻璃制品的强度和热稳定性，如果直接冷却，很有可能引起玻璃在冷却、存放、运输、使用过程中的冷爆。为了消除这种现象，必须对成型后的玻璃进行一定的热处理，即退火（退火是指在某个温度范围内保温或缓慢降温一段时间，以使玻璃内的热应力消除或减少到允许范围）。完成此步骤后，根据实际情况有时还要进行玻璃材料性能的测试。

在钢化玻璃绝缘子的制备过程中，一般会同时进行绝缘子的钢化处理，即对玻璃件进行受控冷却，使之获得表面永久的预应力。钢化环节涉及的设备有均温处理炉、钢化机等。此外，还将对玻璃绝缘子进行胶装，采用具备钢脚定位辅助的装配机将绝缘子绝缘件、钢脚、钢帽进行及胶装装配；该步骤需注意确保钢脚、绝缘件、钢帽三者的同轴度，同轴性不良也会导致过高的自爆率。钢化玻璃绝缘子的结构如图 2-17 所示。

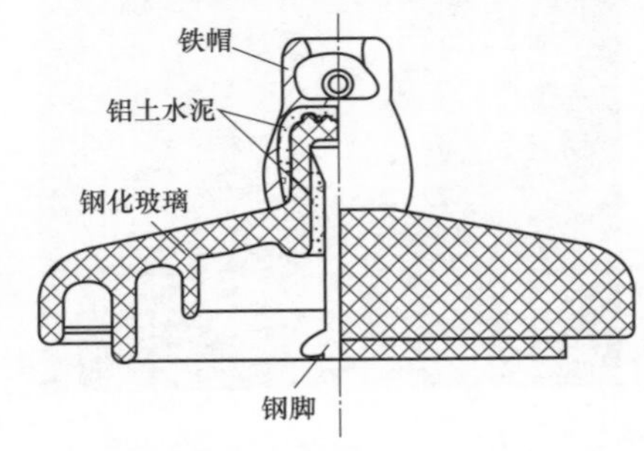

图 2-17　钢化玻璃绝缘子结构示意图

为了进一步验证钢化玻璃绝缘子的性能是否符合实际生产要求，还会进行性能测试，如寿命周期测试、

在定性分析上，紫外可见吸收光谱主要通过将化合物光谱特征（如吸收峰的数目、位置、强度、形状等参数）与标准光谱进行比较，以此确定某些基团的存在。紫外可见吸收光谱可被广泛应用于非金属材料的分析，仪器灵敏度在 $10^{-5}\%\sim10^{-4}\%$浓度范围之间，并且具有较高的选择性和较好的分析精度；同时，紫外可见吸收光谱仪测试速度快，采集数据容易。其在无机材料分析方面，可用于研究矿物、半导体和天然产物等，在有机材料分析方面应用尤为广泛；它除了能提供聚合物分子方面的信息外，还可以被用于研究聚合物材料中的添加剂。

3.3　热分析测试技术

热分析（thermal analysis）主要基于物质在加热或冷却的过程中，其物理状态或化学状态会发生改变，通常伴有相应的热力学性质（如热焓、比热、导热系数等）或其他性质（如质量、力学性质、电阻等）的变化，因而可以通过对某些性质的测定来分析研究材料的物理或化学变化过程。

3.3.1　差热分析法

差热分析是指在程序控制温度条件下，测量样品与参比物（又称基准物，是在测量温度范围内不发生任何热效应的物质，如 α-Al_2O_3、MgO 等）之间的温差与温度关系的一种热分析方法。在试验过程中，将样品与参比物的温差作为温度或时间的函数连续记录下来。

物质在受热或冷却过程中发生的物理和化学变化伴随着吸热和放热现象，如晶型转变、沸腾、升华、蒸发、熔融等物理变化，以及氧化还原、分解、脱水和离解等化学变化均伴随着一定的热效应。差热分析正是基于物质的这类性质的一种测试方法。

差热分析仪是由加热炉、温度控制系统、信号放大系统、差热系统及记录系统等组成。

3.3.2　差示扫描量热法

差示扫描量热法是指在程序控制温度的条件下，测量输入给样品与参比物的功率差和温度关系的一种热分析方法。差热分析法是以温差变化间接表达物质物理或化学变化过程中的热量变化（放热或吸热），存在测试曲线易受影响、难以定量分析的问题，故发展成了差示扫描量热法。差示扫描量热分析仪如图 3-6 所示。

相比于差热分析法，差示扫描量热法具有以下优点：①克服了差热分析中试样本身的热效应对升温速率的影响；②能够进行精准的定量分析；③通过对样品热量进行及时补偿，使试样与参比物之间的温度始终保持相同，在灵敏度和精度方面都有了大幅度提高。因此，差示扫描量热法能够定量测试多种热力学和动力学参数，且可进行晶体等微细结构分析等工作。

图 3-6　差示扫描量热分析仪

差示扫描量热法可以分为功率补偿式和热流式两种：

（1）功率补偿式差示扫描量热法是指在样

品和参比物始终保持相同温度的条件下，测定为满足此条件的样品和参比物两端所需的能量差，并直接作为热量差信号输出。

（2）热流式差示扫描量热法是指在给予样品和参比物相同功率的条件下，测定样品和参比物两端的温差，然后根据热流方程，将温差转换成热量差作为输出信号。

3.3.3 热重分析法

热重分析法是指在程序控制温度条件下，测量物质的质量与温度关系的热分析方法。热重分析法记录的热重曲线以质量（m）为纵坐标，以温度（T 或 θ）或时间为横坐标，即 m—T 曲线。

图 3-7 热重分析仪

热重分析法所用的仪器为热重分析仪（热天平），由天平、加热炉、程序控温系统和记录仪等部分组成，如图 3-7 所示。热重分析仪测定样品质量变化的方法有变位法和零位法：变位法是利用质量变化与天平梁的倾斜成正比关系，用直接差动变压器控制测试；零位法是靠电磁作用力使因质量变化而倾斜的天平梁恢复到原来的平衡位置，施加的电磁力与质量变化成正比。因此，凡物质受热发生质量变化的物理或化学变化过程，均可以用热重法分析、研究。

3.3.4 热膨胀分析法

热膨胀分析法是指在一定的温度条件、负载力接近于零的情况下，通过仪器精确测量样品的尺寸变化与温度或时间的函数关系，从而得到热膨胀系数的方法。该方法可测量固体、粉末、涂料等各类样品，被广泛应用于金属材料以及非金属材料测试等领域。

热膨胀分析法所用的仪器为热膨胀分析仪，如图 3-8 所示。在测试过程中，当样品随着环境温度的变化而发生膨胀时，仪器中的机械顶杆将在传感器的精确控制下，随着线性导轨的引导向后移动，同时由光学解码器测出相应的长度变化，因而可以精确地测量出样品的尺寸变化。

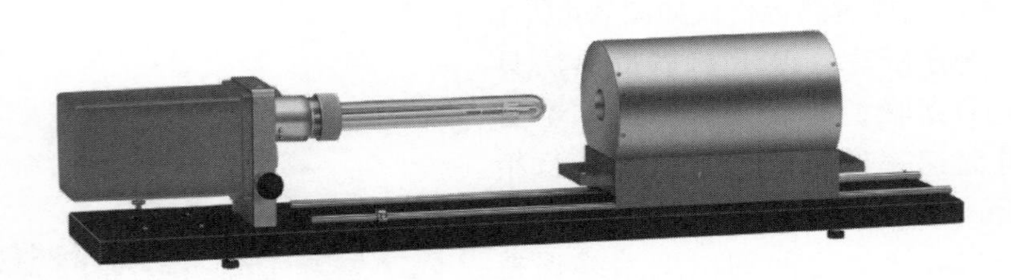

图 3-8 热膨胀分析仪

3.4 电子显微镜测试技术

扫描电子显微镜是一种介于透射电子显微镜和光学显微镜之间的一种微观表面形貌观测装置，如图 3-9 所示。扫描电子显微镜主要由电子光学系统（镜筒）、偏转系统、电子信号的收集与处理系统、电子信号的显示与处理系统、真空系统和电源系统等部分组成。

扫描电子显微镜的工作原理主要为三级电子枪发出的电子束经过栅极静电后聚焦成为 50mm 的电子光源，并在 2～30kV 的加速电压下，经过电子光学系统后聚焦成束斑为 5～10mm 的高能电子束；高能电子束与样品物质相互作用而激发出各种物理信号（二次电子、背反射电子、X 射线等）；再对这些信号进行接收、放大和显微成像，从而获得测试试样的表面形貌。

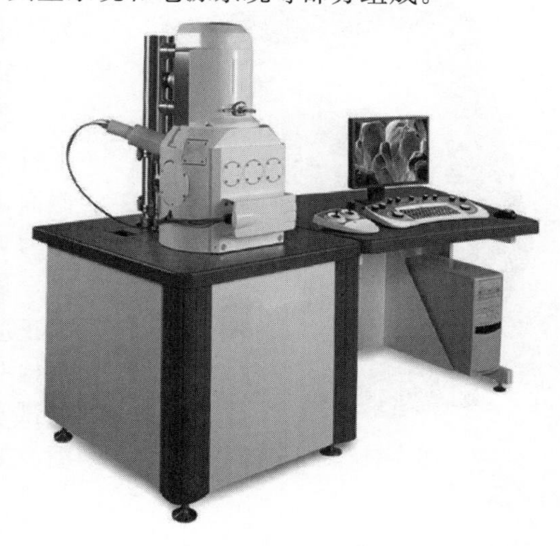

图 3-9　扫描电子显微镜

扫描电子显微镜具有分辨本领强、有效放大倍率高、景深大、制样简单、电子损伤小等优点。同时，扫描电子显微镜中可以组装其他观察仪器，如波谱仪、能谱仪等，实现对试样的表面形貌、微区成分等方面的同步分析。

3.5　机械性能测试技术

材料在各种外加载荷（拉伸、压缩、弯曲、扭转、冲击、交变应力）作用下抵抗破坏的性能称为材料的机械性能（力学性能）。材料的机械性能是其重要的使用性能之一，主要指标有强度、硬度、塑性、韧性、弹性等，这些性能指标可以通过机械性能试验测定。对材料本身而言，常见的机械性能试验有拉伸性能试验、冲击性能试验、弯曲性能试验、硬度性能试验等。

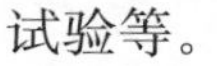

图 3-10　拉伸试验机

3.5.1　拉伸性能试验

拉伸性能试验是指在承受单向拉伸载荷下测定材料特性的试验方法。拉伸试验考察材料力学性能的基本试验方法之一，利用拉伸试验得到的数据，可以确定材料的弹性极限、弹性模量、抗拉强度、屈服强度、断后伸长率、断面收缩率等性能指标。因为它具有简单、可靠、试样容易制备等优点，所以是力学性能试验中最普遍、最常用的方法。

在拉伸试验过程中，可以真实地看到材料在外力作用下产生弹性变形、塑性变形和断裂等各个阶段的全过程；试验得到的强度和塑性数据，是工程设计、材料验收和材料研究的重要依据。拉伸试验机如图 3-10 所示。

3.5.2　冲击性能试验

冲击韧性是指材料在冲击载荷作用下吸收塑性变形功和断裂功的能力，用以评价材料的韧、脆性程度。材料的韧性除了取决于材料本身的内在因素外，还跟加载速度、应力状态及温度等有很大关系。为了提高试验的敏感性，

图 3-11　冲击试验机

通常采用带缺口的试样进行试验。缺口可以使试样处于半脆性状态。冲击试验机如图 3-11 所示。

3.5.3　弯曲性能试验

弯曲性能试验是测定材料承受弯曲载荷时的力学特性的试验，其以圆形、方形、矩形或多边形横截面试样在弯曲装置上经受弯曲塑性变形，不改变加力方向，直至达到规定的弯曲角度。弯曲试验时，试样一侧为单向拉伸，另一侧为单向压缩，最大正应力出现在试样表面，对表面缺陷敏感，可用于检验材料表面缺陷。弯曲试验应在配备弯曲装置的试验机或压力机上完成。常见的弯曲装置如图 3-12 所示。

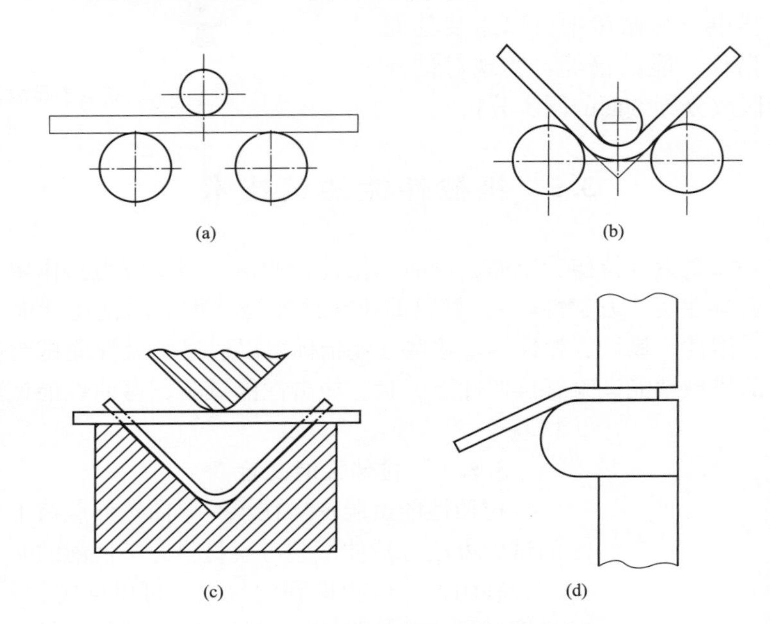

图 3-12　常见的弯曲装置示意图

(a) 支辊式（弯曲前）；(b) 支辊式（弯曲后）；(c) V 型模具式；(d) 虎钳式

3.5.4　硬度性能试验

硬度是表征金属抵抗局部变形（特别是塑性变形）、压痕或划痕的能力，是衡量非金属材料软硬程度的一种指标。非金属材料的硬度与强度也是密切相关的，一般情况下，硬度较高的材料其强度也较高，所以可以通过测试硬度来估算材料的强度。硬度试验设备简单、操作方便、对部件损害小，可敏感地反映出材料的差异性。

塑料的硬度测量过去都借鉴金属的测试方式，如布氏、洛氏、维氏等。这些硬度测试方法的原理都是使用一定直径的钢球或三角锥施以一定的力来压入样品表面，卸载后通过测量压痕的面积或深度来确定样品的硬度大小。但是塑料、橡胶等高分子材料的粘弹及松弛特性，卸载后的弹性恢复不可忽略。因此，常规的金属硬度测试方法不适用于塑料、橡胶等非

(3) 每个样品至少测试 3 个试样，单个或者一起进行试验。所有的试验，硫化到试验之间的最短时间是 16h。对非成品试验，从硫化到试验之间的最长时间为 4 周，对于比对试验，时间间隔应可能相同；对成品试验，在可能情况下，从硫化到试验之间的时间间隔不应超过 3 个月，在其他情况下，试验应在需方从收货日起 2 个月内进行。

4.2.3.4　试验步骤

(1) 将压缩装置置于标准实验室温度下，仔细清洁操作表面。在压缩板与试样接触的表面上涂一薄层润滑剂。在试验过程中，所用的润滑剂应对橡胶试样没有任何影响，并应在试验报告中注明所用的润滑剂。

(2) 在标准实验室温度下，测量每个试样中心部位的高度，精确到 0.01mm。将试样与限制器置于两压缩板之间适当的位置，应避免试样与螺栓或限制器相接触。慢慢旋紧紧固件，使两压缩板均匀地靠近直到与限制器相接触。所施加的压缩应为试样初始高度的（25±2)%，对于硬度较高的试样则应为（15±2)%或（10±1)%。

(3) 对于在高温下进行的试验，将装好试样的压缩装置立即放入已达到试验温度的老化箱中间部位。对于在常温下进行试验，将装好试样的压缩装置置于温度调节至标准实验室温度的房间。

(4) 在常温条件下的试验，试验温度应是标准实验室温度（23±2)℃或（27±2)℃中的一个。在高温条件下的试验，试验温度应是下列温度之一：(40±1)、(55±1)、(70±1)、(85±1)、(100±1)、(125±2)、(150±2)、(175±2)、(200±2)、(225±2)℃或（250±2)℃。

(5) 试验时间从压缩装置放入老化箱时开始计时。试验时间为 24_{-2}^{0}、72_{-2}^{0}、168_{-2}^{0}h 或者 168h 的倍数。

(6) 对于常温下进行的试验，到达规定试验时间后，立即松开试样，将试样置于木板上。让试验在标准实验室温度下恢复（30±3）min，然后测量试样高度。

(7) 对于高温下进行的试验，方法 A：到达规定试验时间后，将试验装置从老化箱中取出，立即松开试样，并快速地将试样置于木板上；让试样在标准实验室温度下恢复（30±3）min，然后测量试样高度。方法 B：达到规定试验时间后，将试验装置从老化箱中取出，让装置在 30～120min 时间内冷却至标准实验室温度，然后松开试样；在标准实验室温度下恢复（30±3）min，然后测量试样高度。方法 C：达到固定试验时间后，不将试验装置从老化箱中取出，而是立即松开试样，并保持在老化箱中；让试样在试验温度下恢复（30±3）min，然后在标准实验室温度下再放置（30±3）min，测量试样高度。除非另有说明，应使用方法 A。

4.2.3.5　结果计算

压缩永久变形 C 以初始压缩的百分数来表示（计算结果精确到 1%)：

$$C=\frac{h_0-h_1}{h_0-h_s}\times 100\% \tag{4-10}$$

式中　h_0——试样初始高度，mm；

h_1——试样恢复后的高度，mm；

h_s——限制器高度，mm。

4.2.3.6　试验报告

试验报告应包括样品说明（样品及其来源的详细说明、混炼及硫化的详细说明、制备试样的方法)、试验方法(使用试验方法的详细说明、使用的试样类型、试验后的冷却方法、使用润滑剂的性质、试样是单个试验还是一起试验)、试验说明(使用的标准实验室温度、调节和恢复的温度和时间、试验温度和试验时间、使用的压缩率、GB/T 7759.1 中未规定的任何操作的说明)、试验结果(使用的试样数量、试样的初始高度、试样恢复后的高度、压缩永久变形的中值和单个试验结果)、试验日期。

4.2.4 低温脆性试验

4.2.4.1 依据标准

《硫化橡胶或热塑性橡胶 低温脆性的测定(多试样法)》(GB/T 15256—2014);

《橡胶物理试验方法试样制备和调节通用程序》(ISO 23529:2004);

《橡胶 试验设备校准指南》(GB/T 25269—2010)。

4.2.4.2 试验设备

试验装置及材料包括试样夹持器、冲击头、传热介质、温度测量装置、温度控制装置、传热介质容器、传热介质的搅拌器、秒表或其他的计时装置。

(1)试样夹持器应是坚固的,并且应设计成悬臂梁。每个试样应被牢固和稳定地夹持,且不产生变形。试样夹持器如图 4-13 所示。

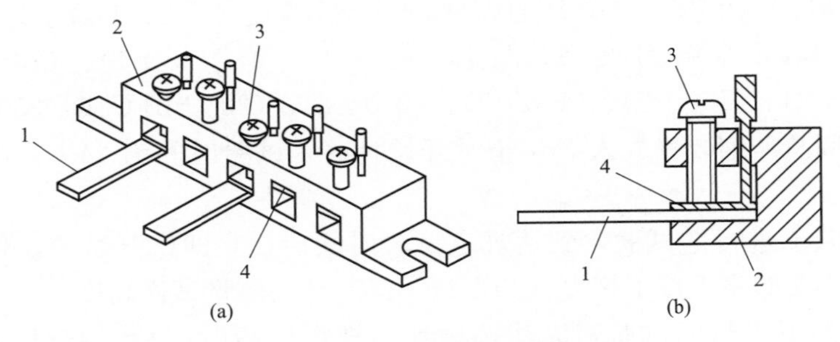

图 4-13 试样夹持器示意图

(a)普通视图;(b)剖面图

1—试样;2—夹持部分;3—紧固螺钉;4—试样夹

(2)冲击头沿着垂直于试样上表面的轨道运动,以(2.0±0.2)m/s 的速度冲击试样。冲击后冲击头速度应至少维持在 6mm 行程范围内。为了获得在冲击期间和冲击后达到规定的速度范围,应确保有足够的冲击能(每个试样应至少需 3.0J 的冲击能),因此需要限定每次冲击试样的数量。

试样夹持器和冲击头的尺寸如图 4-14 所示,装置的主要尺寸如下:①冲击头半径为(1.6±0.1)mm;②在冲击时,冲击头和试样夹持器之间的间隙为(6.4±0.3)mm;③冲击头的冲击点和试样夹持器之间的距离为(8±0.3)mm。

(3)传热介质可采用在试验温度下对试验材料无影响并能保持为流动的液体或气体。设备设计时可以使用气体作为传热介质,用气体和液体作为传热介质可获得相同的温度。下列的液体可以满足使用要求:①温度下降到−60℃,可用在室温下具有 $5m^2/s$ 运动黏度的硅油,其化学性能性质接近橡胶,不易燃并且无毒;②温度下降到−70℃,用乙醇;③温度下降到−120℃,用液氮制冷的甲基环己烷(使用合适的装置是可以满足要求的)。

(4)温度测量装置在整个使用范围内,精度应控制在 0.5℃之内。温度传感器应放置在试样附近。温度控制装置能够使传热介质的温度维持在±1℃范围内。无论液体介质或气体介质测试室，都是通过传热介质加热。液体的搅拌或气体的风扇、风机都能够确保传热介质的彻底循环。重要的是搅拌器应使液体垂直运动以确保液体具有均匀的温度。秒表或其他计时装置精确到秒。

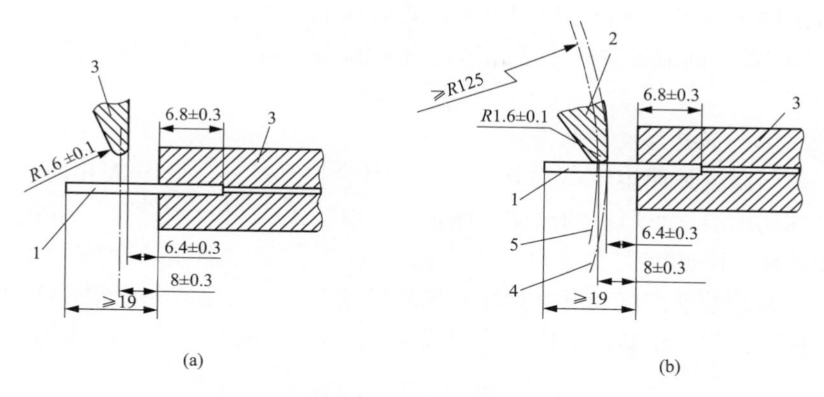

图 4-14　试样夹持器和冲击头尺寸示意图

（a）直线运动；（b）旋转运动

1—试样；2—冲击头；3—试样夹持器；4—距离夹持器最近的冲击头上点的运动轨迹；5—冲击头上冲击点的运动轨迹

4.2.4.3　试样制作

（1）试样为下列两种类型之一：A 型为条状试样，长度为 26～40mm，宽度为（6±1）mm，厚度为（2.0±0.2）mm；B 型试样厚度为（2.0±0.2）mm，B 型试样的外形如图 4-15 所示。

试样应按照 ISO 23529 的规定进行制备。试样通常使用锋利的裁刀从薄片上裁切而成。此外，A 型试样也可以使用刃口平行的双层刀片通过一次冲切成为条状，然后将条状试样切到适当的长度。

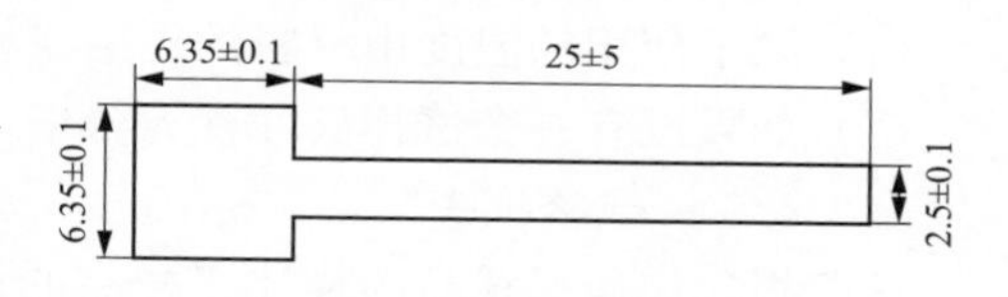

图 4-15　B 型试样外形示意图

（2）除非另有规定，硫化和试验之间的时间间隔应按照 ISO 23529 的相关规定。

4.2.4.4　试验步骤

1. 程序 A

（1）将浴槽或测试室的温度降至预期试样不破坏的最低温度之下。试样夹持器应浸没在冷浴槽或测试室中。在液体为热传递介质情况下，浴槽应确保有足够的液体，以确保试样至少浸没到液面 25mm 以下。

（2）快速将试样固定在试样夹持器上。当使用液体介质时，在测试温度下将试样夹持器浸入液体中 5min；当使用气体介质时，则浸入气体 10min。

（3）测试 5 个 A 型或 B 型试样。如果有效的冲击能量达到 GB/T 15256 规定的最小值，在相同的时间下可以测试试样。适当地拧紧夹持器是非常重要的。夹持器应紧固以使每个试样的有近似相同的夹持力。

（4）在试验温度下，经规定的时间浸泡后，记录温度并对试样进行一次冲击。

（5）从试验夹持器上移走试样到标准实验室温度下，检查每个试样确定是否破坏。将试验时出现的任何一个肉眼可见的裂缝或小孔，或完全断成两片以至更多碎片定义为破坏。当试样没有完全断裂时，将试样沿着冲击时所形成的弯曲方向弯曲成90°角，然后在弯曲处检查试样的破坏情况。

(6) 若试样破坏，温度升高10℃重新做一组试验。每个温度下使用新的试样直至试样无破坏为止。若试样无破坏，则将温度降低到已观察到的破坏最高温度。

(7) 以2℃的温度间隔控制升温或降温，直至测出一组试样无破坏的最低温度，记录此温度为脆性温度。

2. 程序B（50%脆性温度的测定）

(1) 除了初始温度是期望50%破坏的温度，其余执行过程与程序A相同。

(2) 如果在初始温度下所有的试样破坏，升高温度10℃并重新试验。如果在初始温度下所有的试样无破坏，降低10℃并重复试验。温度以2℃的量增加或减少并重新试验直到确定没有一个试样破坏的最低温度和所有试样破坏的最高温度。记录在每个温度下破坏的试样数量。在每个温度下使用一组新的试样。使用式（4-11）来计算确定50%的脆性温度：

$$T_b = T_h + \Delta T\left(\frac{S}{100} - \frac{1}{2}\right) \tag{4-11}$$

式中 T_b——50%脆性温度,℃；

T_h——所有试样都破坏的最高温度,℃；

ΔT——测试温度之间的间隔温度,℃；

S——从没有试样破坏到试样全部破坏的温度范围内，每个温度下试样破坏的百分比之和,%。

3. 程序C（在规定的温度下测试）

(1) 除了使用的温度由材料的规格或材料的分类规定外，其余执行过程与程序A相同。

(2) 如果没有一个试样破坏视为合格，任何一个试样破坏可视为不合格。

4.2.4.5 试验报告

试验报告应包括样品的描述（样品的详细说明及其来源、样品的制备方法）、试验方法（涉及的试验方法、试验程序、试样类型）、试验描述（传热介质和试验设备使用的类型、实验室温度、调节时间和温度、试验温度、GB/T 15256中未规定的任何试验程序的描述）、试验结果（使用试样的数量和冲击后破坏的试样数量、使用程序A时的脆性温度或使用程序B时的50%脆性温度、使用程序C时的材料是否满足要求）、试验日期。

4.3 陶瓷类材料的试验方法与规范

4.3.1 染料渗透性试验

4.3.1.1 依据标准

《陶瓷和玻璃绝缘材料 第1部分：定义和分类》(GB/T 8411.1—2008)；

《陶瓷和玻璃绝缘材料 第2部分：试验方法》(GB/T 8411.2—2008)；

《陶瓷和玻璃绝缘材料 第3部分：材料性能》(GB/T 8411.3—2009)。

4.3.1.2 试验设备

试验设备包括压力容器、高压泵和压力表。压力容器至少能耐受30MPa的压力。试样浸入染料溶液中，染料溶液可以直接倒入压力容器，也可以倒入一个金属容器，再把金属容器置于压力容器中，通过液压油推动金属容器的橡胶塞或活塞传递压力。试验需要一台处理试样用烘箱，烘箱能保持（120±5)℃的温度。在金属容器中对染料溶液施加高压的装置如图4-16所示。

4.3.1.3 试样制作

（1）用碎瓷块作试样，试样上釉面积或原始烧结面的面积不能超过试样总面积的25%，瓷块取自至少3个不同试样或部件。

（2）染料溶液典型浓度为1～3g（染料）/L（乙醇、工业酒精或其他合适的溶剂）。

4.3.1.4 试验步骤

（1）试样不能有油污或脏物，如有必要应清洗。测试前试样应在（120±5)℃至少干燥3h，然后破碎成适当尺寸的碎块。

（2）将试样浸入染料溶液中。染料溶液可直接倒入压力容器，也可以倒入一个金属容器中。金属容器用橡胶塞或活塞密封后，置入压力容器。压力容器内加压到不低于15MPa，保压适当时间，使表压值和保压时间之乘积不小于180MPa·h。保压完成后，将试样取出，用水清洗，干燥和破碎，用肉眼观察新鲜断面，检查是否有染料渗透的痕迹，该断面不应有渗透。在制样时，可能产生小裂纹，检查时应忽略此类渗透痕迹。

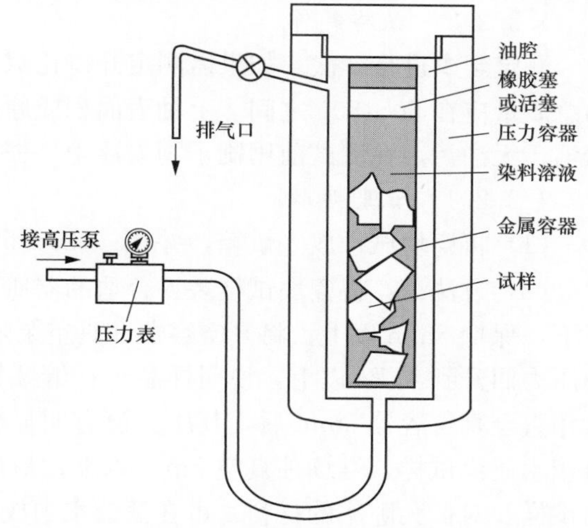

图4-16 在金属容器中对染料溶液施加高压的装置示意图

4.3.1.5 试验报告

试验报告应包括测试机构的名称、标准的引用、试验日期、试样标识（型号、生产厂家、成型方法、批号、生产日期）、试验项目、试验的处理方法、形状、尺寸和被测试样数量、与测试或所进行试验相关的详细内容、测试结果、表压、加压时间、试样的尺寸、形状和数量以及由试样制得的碎块情况、观察碎块的新鲜断面的结果。

4.3.2 体积密度和开口孔隙率试验

4.3.2.1 依据标准

《陶瓷和玻璃绝缘材料 第1部分：定义和分类》(GB/T 8411.1—2008)；

《陶瓷和玻璃绝缘材料 第2部分：试验方法》(GB/T 8411.2—2008)；

《陶瓷和玻璃绝缘材料 第3部分：材料性能》(GB/T 8411.3—2009)。

4.3.2.2 试验设备

该试验需要下列设备和物品。

（1）液中比重测量天平（能称量试样在液体中表观质量的天平），称量精度±0.01g。

（2）一根直径不超过0.2mm的悬挂用脱脂金属丝。

（3）可选用下列两种方法之一进行测试：方法A，一气密性容器（钟罩或干燥器）与合适的真空泵连接，并能用适当的方法测量密闭容器中的压力和加入液体；方法B，盛有沸水的容器，装有抗腐蚀的粗筛网，在筛网上放置试样，试样高于容器底部10mm以上。

(4) 干燥试样用烘箱。

(5) 擦干用脱绒布。

(6) 新鲜蒸馏水或去离子水，或其他合适液体。

4.3.2.3 试样制作

测定至少进行3次。如果需测定开口孔隙率，每次测量至少需3片瓷碎块，3片瓷碎块的总质量应在50～80g之间。上釉表面积或原始烧结表面积不超过总面积的25%。瓷碎块应清洁、无油污，在测试前用刷子刷去浮尘，去掉可能掉落的碎片。

4.3.2.4 试验步骤

(1) 将瓷块试样放入烘箱，并在(120±5)℃条件下干燥2h以上，直至达到恒重m_0。

(2) 方法A：将瓷块试样装入合适的器皿中，放入真空容器；密闭容器，抽真空到3kPa以下，保持5min以上；将真空容器和真空泵隔离，可观察到压力稳步回升；如果在5min以内压力回升到4kPa以上，说明样品还在继续排气；重新连接真空泵继续抽真空，重复这一操作直至真空容器5min后，其压力没有明显变化为止；在器皿中加入(23±2)℃煮沸过的蒸馏水淹没试样，继续抽真空5min以上；最后，隔离真空泵放入空气，从装水的器皿中取出试样。对低孔隙率的材料，可在蒸馏水中放置6h以上。

(3) 方法B：将瓷块试样放入容器，用蒸馏水淹没，加热到沸点煮沸30min以上；继续浸在水中冷却至室温，在蒸馏水中至少放置6h。

(4) 无论用哪种方法处理后，利用干净的细金属悬丝将瓷块试样在水中称量质量m_w。取出试样放入蒸馏水中，将悬丝放入水中，深度与称量试样时的深度一样，称得悬丝的质量m_s，记录水温T，精确到0.1℃。将试样从水中取出，用潮湿的脱绒布擦掉试样表面的水，在空气中称得质量m_b。

4.3.2.5 结果计算

体积密度ρ_a和开口(显)孔隙率p_a按式(4-12)计算：

$$\begin{cases} \rho_a = \dfrac{m_o \times \rho_w}{m_h - m_w + m_s} \\ p_a = \dfrac{m_h - m_o}{m_h - m_w + m_s} \times 100 \end{cases} \tag{4-12}$$

式中 ρ_a——体积密度，mg/m³；

p_a——开口孔隙率，%；

m_o——试样干重，g；

m_w——试样和悬丝水中质量，g；

m_s——与称试样浸入水中相同水位的悬丝水中质量，g；

m_h——试样饱水时在空气中的质量，g；

ρ_w——水或其他浸没液体在温度T时的密度，mg/m³。

4.3.2.6 试验报告

试验报告应包括测试机构的名称、标准的引用、试验日期、试样标识(型号、生产厂家、成型方法、批号、生产日期)、试验项目、试验的处理方法、形状、尺寸和被测试样数量、与测试或所进行试验相关的详细内容、测试结果、所有试样测试结果的算术平均值和标准偏差、所用方法(方法A或方法B)、测定密度时的温度、在测定温度下所用液体的密度、试样浸泡时间、每个试样密度测定结果值、每个试样的开口孔隙率结果。

4.3.3 平均线热膨胀系数试验

4.3.3.1 依据标准

《陶瓷和玻璃绝缘材料 第1部分：定义和分类》(GB/T 8411.1—2008)；

《陶瓷和玻璃绝缘材料 第2部分：试验方法》(GB/T 8411.2—2008)；

《陶瓷和玻璃绝缘材料 第3部分：材料性能》(GB/T 8411.3—2009)。

4.3.3.2 试验设备

(1) 所用试验设备是通常的机械式热膨胀仪，可选用合适的商业化设备，但要满足下列要求：

1) 位移测量仪器的输出线性度为标称位移范围的0.5%。

2) 位移测量仪器处于温度能控制在±0.5℃的环境中。

3) 在以最大2℃/min速率升温或降温时，试样的温度均匀性应在±5℃。

4) 在24h内，位移测量仪器的输出应稳定在试样长度的0.01%内，位移的分辨率至少为试样长度的0.005%。

5) 测量温度为800℃以下时，试样槽和推杆材料为石英玻璃或高纯氧化铝瓷，对于更高的温度应使用高纯氧化铝瓷。

6) 记录试样温度的热电偶的精度应高于±0.5℃。

(2) 测量仪器只有达到上述参数才能保证线热膨胀系数的测定精度在100℃的温度间隔内优于$\pm 0.5\times 10^{-6}$/K。通常采用两类设备：一类是单试样直接测量设备；二是差示测量设备，即测量被测试样和参考试样长度变化差。

4.3.3.3 试样制作

试样长度满足试验设备要求，也能满足温度均匀性要求，为圆棒或方棒，至少应准备两根。为了使升温和降温过程中热滞最小，应优先选用截面积在30mm^{2}以下的试样；如果试样截面积大于此值，在报告中应加以说明。试样的两端形状应与设备匹配，即加工成平头与圆头推杆相匹配，或加工成圆头与平头推杆相匹配。试样的长度应与用来校正设备的参考试样的长度相近，或与差示方法中所用的参考比较试样的长度相近。

4.3.3.4 试验步骤

(1) 在测试前，设备应用适当的方法校正，比如用标准试样校正。按规定定期、或在设备发生变化、或怀疑高温部件损坏时，对设备进行校正。

(2) 放入试样，以升温和降温速率不超过2℃/min的速度，至少进行3次升温和降温循环，并记录表观线性热膨胀。试样长度应近似于参考样的长度，热循环设定的最高温度至少比测定线性热膨胀系数的温度高20℃。

(3) 线性热膨胀系数测定的温度范围为30～300℃、30～600℃、30～1000℃，或经协商同意，选用其他任何测量范围。

4.3.3.5 结果计算

用合适的S、δ和$\bar{a}_{app}$校正值，通过式(4-13)计算出试样要求温度范围的平均线热膨胀系数：

$$\bar{a}_s = -\frac{S\times\Delta\chi-\delta}{L_s\times\Delta T}+\bar{a}_{app} \tag{4-13}$$

式中 $\bar{a}_s$——试样在 ΔT（℃）温度范围内的平均线热膨胀系数，/K；

L_s——室温下试样的长度，mm；

$\bar{a}_{app}$——设备在 ΔT（℃）温度范围内的有效平均线热膨胀系数，/K；

S——设备灵敏度，仪器输出单位为 mm 或 V；

$\Delta\chi$——测定温度范围内记录的位移，仪器输出单位为 mm 或 V；

δ——测定温度范围内基线的漂移，mm；

ΔT——测定温度范围，K。

4.3.3.6 试验报告

试验报告应包括测试机构的名称、标准的引用、试验日期、试样标识（型号、生产厂家、成型方法、批号、生产日期）、试验项目、试验的处理方法、形状、尺寸和被测试样数量、与测试或所进行试验相关的详细内容、测试结果、所有试样测试结果的算术平均值和标准偏差、校验的具体步骤、所用升温速率、计算所用的温度间隔、每个试样每次升温和降温循环所测得的平均线性热膨胀系数、产生明显偏离线性的原因。

第 5 章　电网设备非金属材料失效分析案例

一般来说，非金属材料多元素、结构、键能等因素的影响，其寿命、耐久度、性能稳定性明显不如金属材料。电网设备的非金属部件会在环境因素的作用下发生性能下降或者失效，从而引发电网设备跳闸、击穿、起火等故障，对电网安全稳定运行构成极大的威胁。因此，针对电网设备非金属部件开展失效分析是十分有必要的。失效分析工作以生产一线出现的实际设备问题为导向，针对因非金属材料因素导致的设备故障开展全面分析，基于材料科学知识进行专业诊断，从而确定故障原因、提出整改建议，最终实现提高电气设备材料质量、提高设备可靠性、减少电气设备故障数量的目的。这对于维护电网安全运行、提升主设备本质安全有着不可或缺的重要作用。

5.1　工程塑料类部件失效分析案例

5.1.1　220kV 电缆接线盒烧毁

5.1.1.1　故障简述

某 220kV 电缆线距离Ⅰ段保护动作，断路器跳闸。检查发现 220kV 电缆出线 1 号电缆井着火引起电缆故障，其中 2 条线的出线电缆已经明显烧毁，另外 2 条线出线电缆外绝缘也有烧损痕迹，但不明显。220kV 电缆接线盒烧毁故障现场如图 5-1 所示。

图 5-1　220kV 电缆接线盒烧毁故障现场

5.1.1.2 测试与分析

1. 宏观检查

将发生故障的电缆接线盒沿截面剖开，对其进行宏观检查以及尺寸测量。电缆接线盒的截面如图 5-2 所示，可见绝缘电缆的位置偏心严重。电缆接线盒的外观尺寸见表 5-1。随后使用工具将电缆接线盒划开，逐层解剖，制取样品并做上标记。

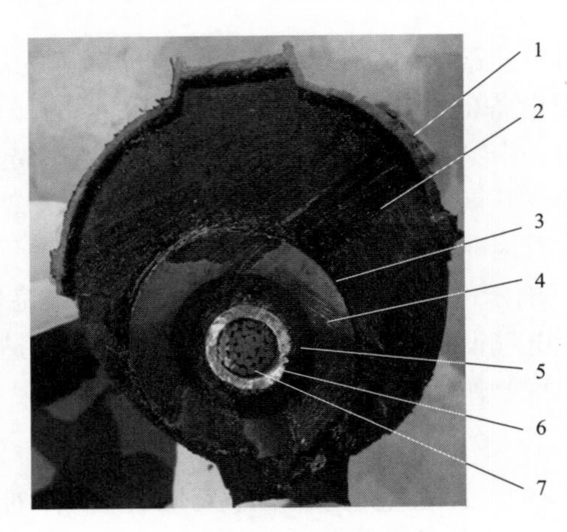

图 5-2 电缆接线盒的截面

1—外壳；2—沥青；3—铝网；4—弹性护套；
5—硬质内护套；6—接头铜管；7—接头铜线

表 5-1 **电缆接线盒的外观尺寸** mm

外壳直径	沥青层最大厚度	沥青层最小厚度	接头直径
139	58	2.5	76

2. 电缆外壳材质分析

整体观察外壳后发现，除裂口外，并未发现其他杂质、空洞、气泡等缺陷，表面较为完整。随后对外护套进行力学性能分析，结果显示外护套的邵氏硬度为 97A/80D，密度为 1.012g/cm^3。按照《电缆和光缆绝缘和护套材料通用试验方法 第 13 部分：通用试验方法 密度测定方法 吸水试验 收缩试验》（GB/T 2951.13—2008）开展吸水性试验，结果显示外护套的吸水率为 1.7%（24h 室温法）和 3.3%（2h 沸水法）。

3. 电缆沥青层及内护套材质分析

电缆内部绝缘层有沥青层和硬质内护套。通过观察发现，沥青层除裂口外无明显缺陷，而硬质内护套在铜线接头处存在杂质，如图 5-3 所示。该杂质长 1.85cm、宽 0.4cm、高 0.1cm，通过 SEM-EDS（扫描电子显微镜能谱仪）发现该杂质为铜。该杂质应是安装过程中带入，安装过程中可能存在不规范操作，杂质在破坏面反面，故不是造成这次破坏的直接原因。

对硬质内护套进行傅里叶变换红外光谱试验，其红外光谱图如图 5-4 所示。通过红外光谱可以看出，曲线中只有四处主要的红外吸收峰，其中在约 2916/cm 处和约 2847/cm 处分别是亚甲基的不对称和对称伸缩吸收；在约 1472/cm 处和约 730/cm 处分别是亚甲基的弯曲变形和面内摇摆变形吸收峰。因此，可推断出硬质内护套的主要成分为聚乙烯。

图 5-3　硬质内护套铜线接头处的杂质

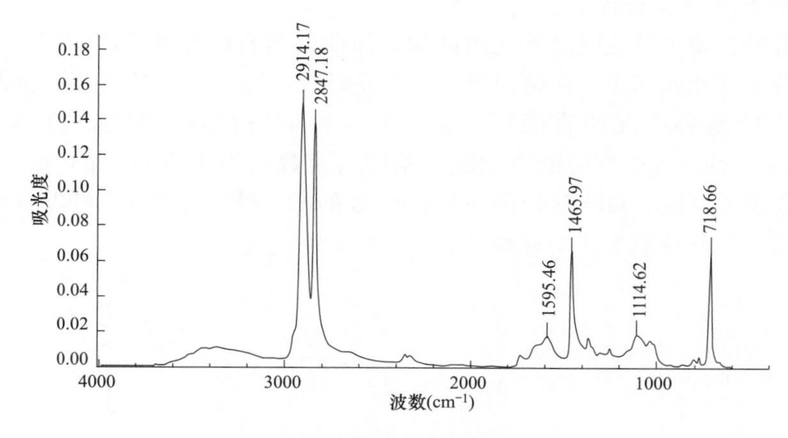

图 5-4　硬质内护套红外光谱图

对沥青层以及硬质内护套的力学性能进行分析，结果显示沥青层的邵氏硬度为 41A/10D，密度为 1.157g/cm^3，硬度内护套的邵氏硬度为 78A/45D，密度为 0.9229g/cm^3。一般来说，聚乙烯的密度为 0.92～0.96g/cm^3，测试结果 0.9229g/cm^3 在正常范围内，且未观察到明显的老化、吸水、膨化等现象。

对硬质内护套进行微观组织观察。从聚乙烯层取薄片，置入光学显微镜观察，发现样品表面只存在刀片刮痕，并不存在明显的开裂，没有形成细小的管道及清晰的树枝形态，所以没有出现电树枝及水树枝。硬质内护套的光学微观组织如图 5-5 所示。

图 5-5　硬质内护套光学微观组织

对沥青层的耐压等级进行试验，切取厚度不一的正方形样品，通过测试介电常数分析耐电压等级，沥青层耐压试验结果见表 5-2。根据测试结果可知，沥青的厚度越大，其击穿电压越高；相反，沥青越薄，其击穿电压越低。且该故障电缆接头样品在安装施工的过程中造成电缆偏心严重，从而导致沥青击穿电压不均。但耐电压性能不是导致击穿、开裂最主要的原因，因为从接线盒的截面结构可以看到，沥青处在铝屏蔽层的外面，无电压感应。

表 5-2　　沥青层耐压试验结果

样品编号	厚度（mm）	击穿电压（kV）	介电常数
1	1.1	14.86	13.51
2	2.3	33.15	14.41
3	3.3	33.80	10.24

对沥青层以及硬质内护套层进行吸水性试验，结果显示沥青层的吸水率为 13.3%（24h 室温法）和 8.2%（2h 沸水法），硬质内护套层的吸水率为 2.5%（24h 室温法）和 1.3%（2h 沸水法）。从结果可以看出，沥青层较为易于吸水。

4. 电缆弹性护套材质分析

对弹性护套进行傅里叶变换红外光谱试验，弹性护套的红外光谱图如图 5-6 所示。硅橡胶主要成分的分子式比较简单，主链由 Si—O—Si 组成，侧链由甲基组成。所能够形成的基团有限，反映主链断裂情况的官能团（基团）有相应特征峰（吸收峰）波数为 1000～1100/cm 的Si—O—Si；反映侧链断裂情况的基团有波数约为 1260/cm 的 Si—CH_3、波数约为 800/cm 处的 Si（CH_3）$_2$ 和波数约为 3000/cm 处的 C—H。由图 5-6 可以看出，弹性护套的主要成分是聚二甲基硅氧烷，为硅橡胶。

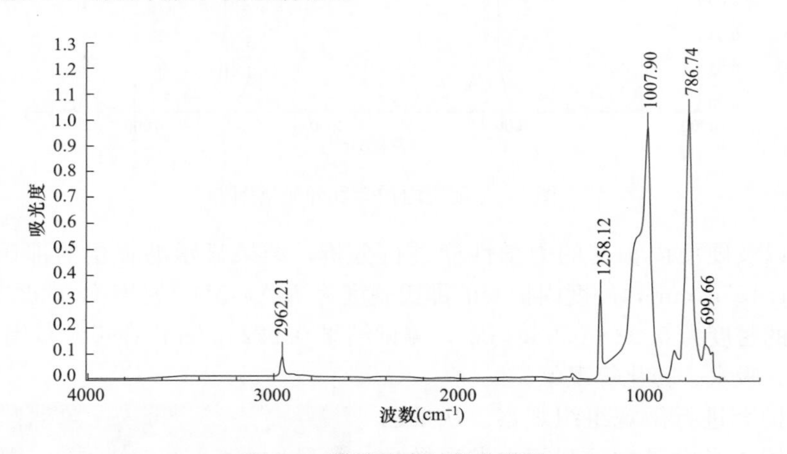

图 5-6　弹性护套红外光谱图

对弹性护套的力学性能进行分析，结果显示弹性护套的邵氏硬度为 43A/12D，密度为 1.134g/cm^3，回弹性为 44.1%，未发生明显老化、吸水、膨化等现象。

对弹性护套开展热缩性能试验。制备 3 个 10cm 长样条，悬挂在 150℃老化箱中，测试不同老化时间后的长度变化率，弹性护套热缩性能试验结果见表 5-3。在 150℃下，硅胶层热缩率小于 2%，符合《额定电压 1kV（U_m=1.2kV）到 35kV（U_m=40.5kV）挤包绝缘电力电缆及附件　第 1 部分：额定电压 1kV（U_m=1.2kV）和 3kV（U_m=3.6kV）电缆》（GB/T 12706.1—2020）中热缩率不大于 3%的规定，因此可以承受较高温度不发生破坏。

表 5-3 弹性护套热缩性能试验结果

试验时长（d）	1			2			3		
样品编号	1	2	3	1	2	3	1	2	3
长度（cm）	10.1	10.2	10.1	10.2	10.2	10.2	10.2	10.2	10.2
长度变化率（%）	1	2	1	2	2	2	2	2	2

对弹性护套开展抗老化性能试验。取 3 组（每组 4 个）哑铃样条，分别测试老化前及老化 300℃×1d、250℃×3d 后的力学性能，抗老化性能试验结果见表 5-4。通过老化前后性能对比，可以看出以硅橡胶为主要材料的弹性护套在 250℃时依然有拉伸强度和拉断伸长率，而电缆用硅橡胶要求最高工作温度为 180℃，因此可以判定硅橡胶的状态对此次开裂没有影响。

表 5-4 抗老化性能试验结果

环境条件	0d	300℃×1d	250℃×3d
拉伸强度（MPa）	6.52	脆断	0.29
拉断伸长率（%）	432.12	脆断	0.22

对弹性护套层进行吸水性试验，结果显示弹性护套层的吸水率为 2.0%（24h 室温法）和 2.8%（2h 沸水法）。

5. 综合分析

经过对来样的解剖、取样、测试和分析，得出如下主要结论：①样品开裂位置的材质为沥青且溶剂含量较高；②样品偏心严重，沥青层最大厚度为 58mm，最小厚度为 2.5mm；③样品的外护套为塑料合金（ABS 工程塑料），且未出现异常；④样品的绝缘层为交联聚乙烯，未出现电树枝、水树枝现象；⑤绝缘护套为硅橡胶，其状态完好；⑥不同厚度沥青的击穿电压值，1.1mm 厚度为 14.86kV，2.3mm 厚度为 33.15kV，3.3mm 厚度为 33.80kV；⑦绝缘层有铜杂质引入。

偏心造成直径 18cm 的沥青圆柱最薄区域小于 1cm。经过模拟计算，在线管内有内应力 P_i 产生时，最大应力 P_{max} 集中在薄壁区，越薄应力越集中。$P_{max}/P_i>16$，即产生大于 16 倍的应力。沥青本身强度不高，在接线盒中仅仅起到密封作用，在温度、施工应力等发生变化的情况下，极易发生破裂，从受力分析图上来看越薄处越易破裂。沥青层受力模拟计算如图 5-7所示。

5.1.1.3 故障原因

综上所述，根据分析结果和样品所处的工况，可以判定：导致开裂的原因为样品偏心，沥青在绝缘电缆的法向受力、受热不均，从而致其开裂。

沥青破裂后，就会有外界水分进入、渗透到接头空隙处，在高压的作用下产生电树枝、水树枝，从而导致击穿，引发着火事故。

5.1.2 10kV 大电流断路器柜绝缘外壳开裂

5.1.2.1 故障简述

在验收过程中，陆续发现数个变电站 10kV 大电流断路器柜独立触头固封绝缘筒（4 台·次）在未经使用的情况下就存在不同程度的开裂现象。开裂绝缘外壳如图 5-8 所示。

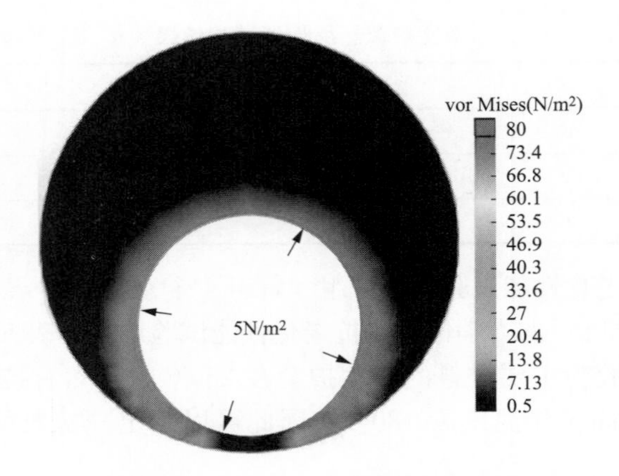

图 5-7 沥青层受力模拟计算

图 5-8 开裂绝缘外壳

据厂方提供的技术报告，绝缘外壳为环氧树脂与固化剂 40℃自动压力凝胶 1～2h 后在 60℃下真空浇注，整体为圆筒形，上下两端有圆形开口。装配使用时，在注件上部开口处附近发生开裂。失效件质量较大，为脆性材料。将开裂的样品与未开裂的样品送至实验室，做对比分析。

5.1.2.2 测试与分析

1. 宏观检查

绝缘外壳的开裂位置如图 5-9 所示，都发生在绝缘外壳上部开口处，裂纹齐整、无分裂纹，边缘无其他细裂纹，无形变，样品外壁无明显冲击痕迹。绝缘筒内壁无划痕，圆形接口内壁光亮、无磨损，螺栓锁固凸台上下面压痕明显；裂纹两端终点不对称，不在同一水平面，断裂并非发生在接口最宽位置处，表明断裂并非主要缘于此接口结构上的薄弱位置。

观察开裂纹路，可明显看到裂纹存在一段平整开裂区域，与螺钉锁固凸台根部平齐，而后开裂纹路向斜上方延伸；且观察样品平整开裂区域断裂面形貌时，可看到靠近螺钉锁固凸台根部位置断面平整，不存在片层解理形貌，在左右两边出现发射纹，表明开裂起源区域为绝缘筒内侧靠近螺钉锁固凸台根部位置。其他开裂面可看到斜向的延伸纹和少量的片层解理纹。绝缘外壳开裂的起源区域如图 5-10 所示。

观察整个开裂面，没有砂孔及其他颗粒状异物缺陷，开裂表面形貌一致，也没有分层等现象，裂纹边缘也没有孔洞与微裂纹，表明样品没有制造上的缺陷。在接口处有磨损，无明显的刮擦或断裂损伤。螺钉锁固凸台部分压痕明显，或存在较大受力状况。

2. 力学性能分析

由于样品已经成型，从开裂样品与未开裂样品上取部分做力学性能测试。截取样品底部较平直部位制成长条形样条（长 12mm、厚 5.50～5.98mm），测试样品力学性能。力学性能测试样品如图 5-11 所示。

(a)

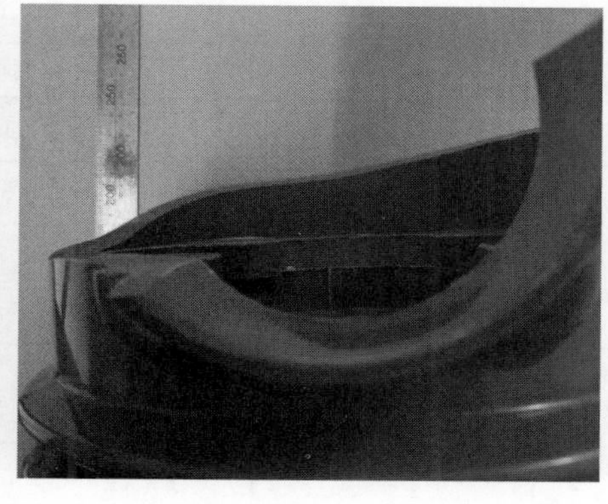

(b)

图 5-9 绝缘外壳开裂位置

(a) 视角 1；(b) 视角 2

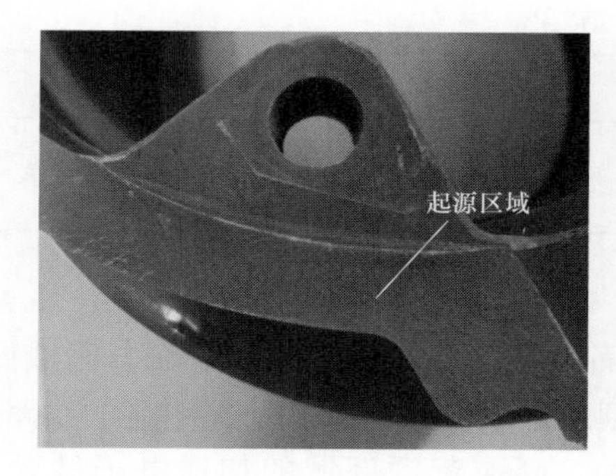

图 5-10 绝缘外壳开裂起源区域

图 5-11 力学性能测试样品

参照《树脂浇铸体性能试验方法》(GB/T 2567—2008)，弯曲试验采用无约束支撑，通过三点弯曲，以恒定的加载速率使试样破坏。在整个过程中，测量施加在试样上的载荷和试样的挠度，确定弯曲强度、弯曲弹性模量及弯曲变力与应变的关系。由于样条平均厚度为5.65mm，所以设置试样跨度为80mm。弯曲试验结果见表5-5。

根据样品厚度，使用Ⅱ型小试样，跨距60mm，做简支梁冲击韧性试验，试验结果见表5-6。

因样品较硬难以制样，故将样品制成长条形用于做拉伸强度测试以做参考对比。在拉伸测试时，部分样品于夹持位置出现断裂。拉伸试验结果主要供参考，见表5-7。

表 5-5 弯曲试验结果 MPa

样品		弯曲模量 E_f	弯曲强度 f_M	设计要求	试验结论
开裂样品	1	9134.48	76.34	110～130	不符合要求
	2	11830.12	86.16		
	3	11416.72	94.24		
	平均值	10793.77	85.58		

续表

样品		弯曲模量 E_f	弯曲强度 f_M	设计要求	试验结论
未开裂样品	1	10020.46	111.05	110～130	不符合要求
	2	10675.74	115.76		
	3	10962.87	120.68		
	平均值	10553.02	115.83		

表 5-6 **冲击韧性试验结果** kJ/m²

样品	1	2	3	平均值
开裂样品	0.061	0.068	0.072	0.067
未开裂样品	0.093	0.098	0.092	0.094

表 5-7 **拉伸试验结果** MPa

样品	拉伸强度	设计要求	试验结论
开裂样品	32.98	70～85	不符合要求
未开裂样品	50.22		

3. 显微组织分析

对样品的断面做显微观察，分析判断样品断面表面状况，再对样品断面分区域做测试。从断裂起源区域表面的微观形貌来看，可以观察到断面表面形貌均一，无明显的纹路。从更大倍数的图片可以看出断裂表面存在光滑的颗粒，断裂起源区域的扫描电子显微镜形貌（SEM 形貌）如图 5-12 所示。通过对光滑颗粒物与其他区域做能谱仪（EDS）测试，发现光滑颗粒物主要元素为硅（Si），此为样品中添加的二氧化硅填料，光滑颗粒物的 EDS 分析结果如图 5-13 所示。

从断裂面 SEM 形貌可以看到，样品断裂面都存在较多的二氧化硅颗粒团聚物或较大的颗粒物，且外形较规则，该物质为原始添加的较大粒径颗粒。因此，通过扫描电子显微镜对

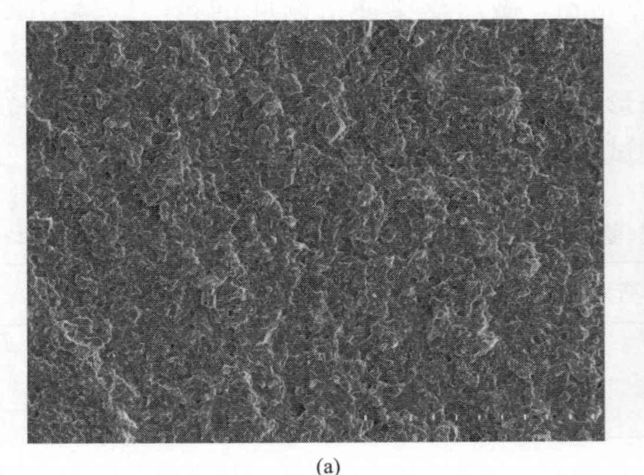

(a)

(b)

图 5-12 断裂起源区域 SEM 形貌（一）
（a）区域 1；（b）区域 2

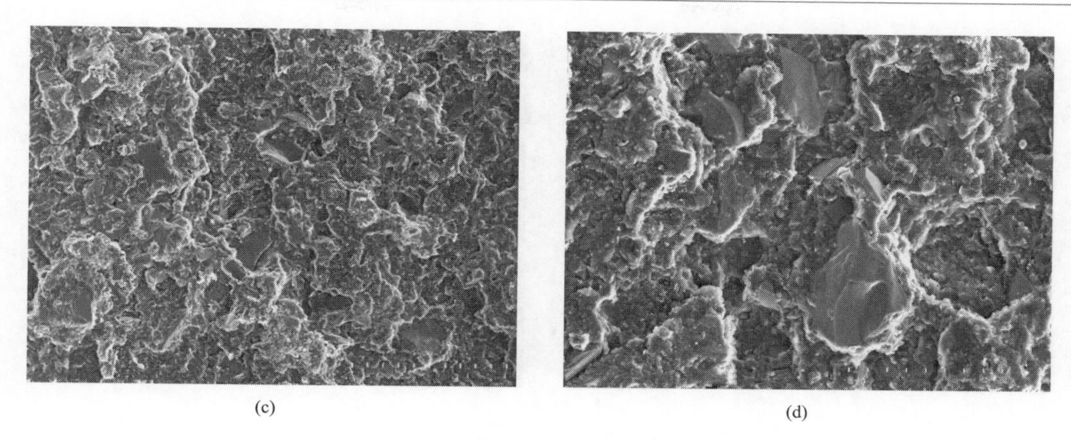

图 5-12　断裂起源区域 SEM 形貌（二）
（c）区域 3；（d）区域 4

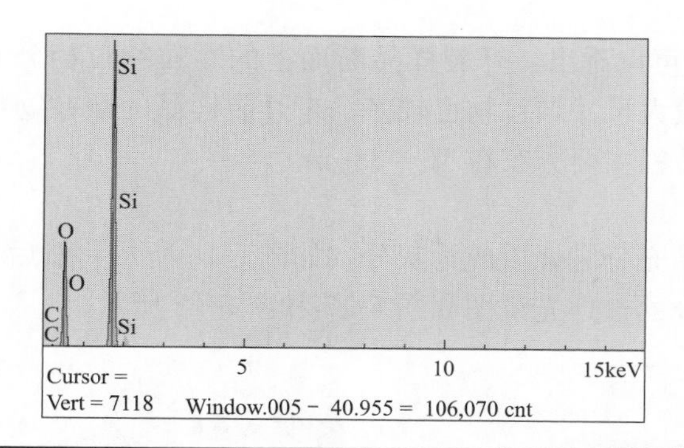

元素	C	O	Al	Si	K	Ca
含量	4.2	37.3	—	58.5	—	—

图 5-13　光滑颗粒物 EDS 分析结果

比开裂样品与未开裂样品二氧化硅填料的尺寸，分别如图 5-14 和图 5-15 所示。

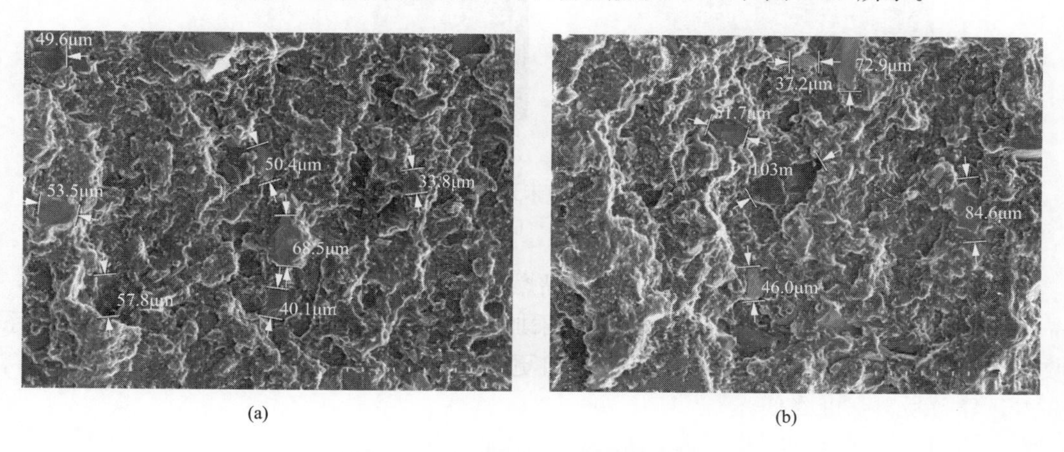

图 5-14　开裂样品二氧化硅填料尺寸
（a）区域 1；（b）区域 2

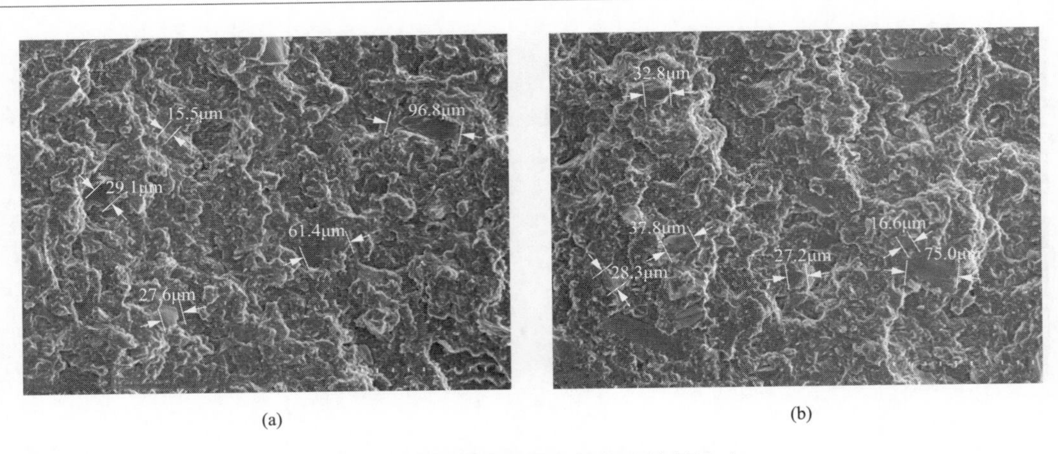

图 5-15 未开裂样品二氧化硅填料尺寸
(a) 区域 1；(b) 区域 2

从图 5-14 和图 5-15 可以看出，开裂样品断面上的颗粒物粒径分布较宽（33～100μm），即有小尺寸的颗粒，但较大尺寸颗粒物也较多；未开裂样品的颗粒物粒径分布相对较窄，也有大尺寸颗粒但较少，粒径主要分布在 16～33μm。

4. 灰分分析

将开裂与未开裂样品充分燃烧后成为灰分，如图 5-16 所示，然后对灰分进行傅里叶变换红外光谱分析，得到灰分的红外光谱图如图 5-17 和图 5-18 所示。

图 5-16 开裂样品与未开裂样品的燃烧灰分
(a) 开裂样品；(b) 未开裂样品

由红外测试结果可知：未开裂与开裂样品燃烧后灰分的主成分为二氧化硅。经分析，两样品中填料添加量达到 64%左右。虽然大量添加填料可以延长适用期，降低产品热膨胀系数和收缩率，但填料过多会影响产品的流动性且更易产生填料团聚。团聚的填料会成为材料的薄弱点，导致材料强度降低。

5. X 射线荧光光谱分析

对开裂样品以及未开裂样品进行 X 射线荧光光谱分析（XRF），样品的 XRF 光谱图如

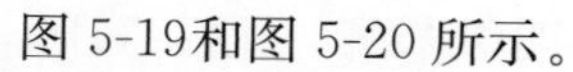
图 5-19和图 5-20 所示。

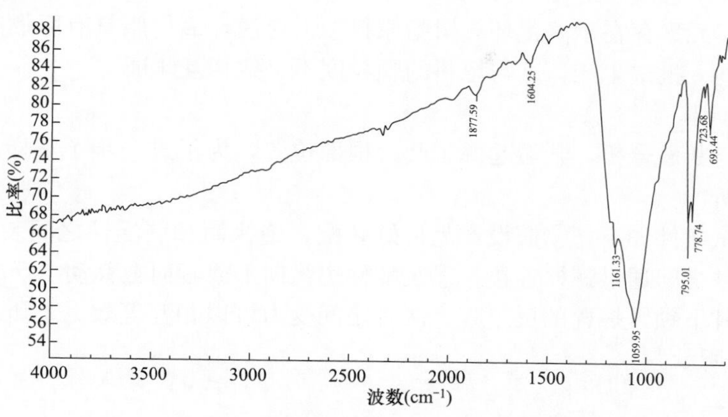

图 5-17　开裂样品灰分红外光谱图

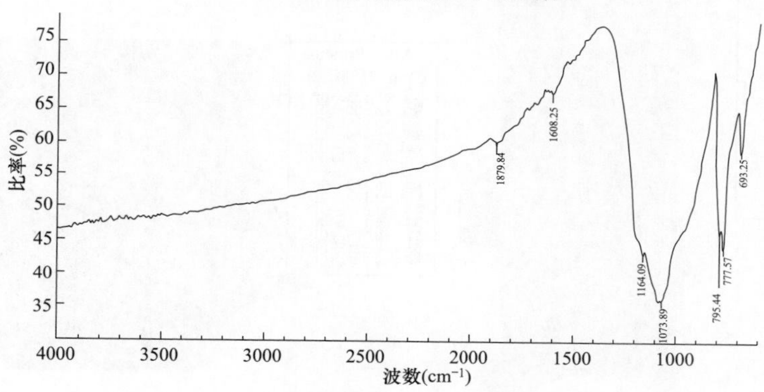

图 5-18　未开裂样品灰分红外光谱图

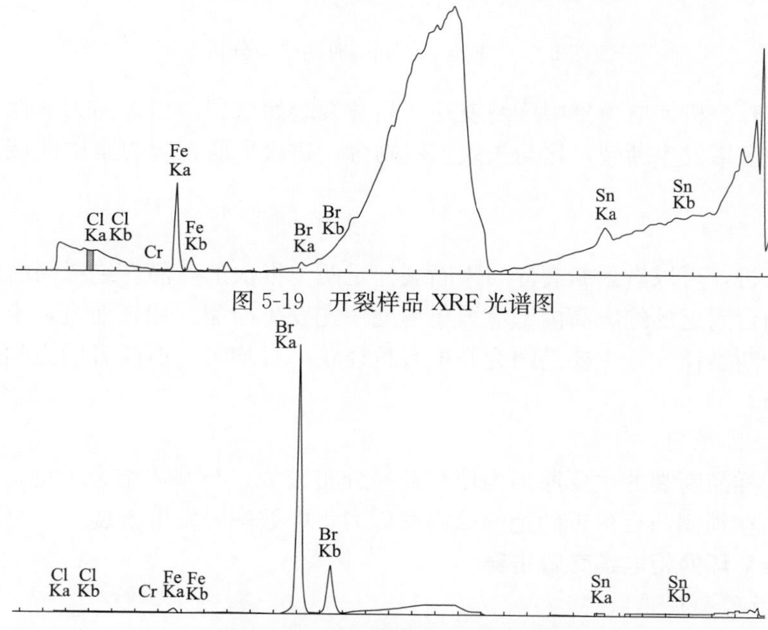

图 5-19　开裂样品 XRF 光谱图

图 5-20　未开裂样品 XRF 光谱图

在绝缘筒浇注工艺中，固化剂为改性羧酸酐，在该样品中为甲基四氢苯酐，无溴（Br）元素。经了解，溴元素存在于溴化环氧树脂原料中，含溴环氧树脂具有阻燃特性，故开裂与未开裂绝缘筒非同一批次生产，这与填料的颗粒度不一致相互印证。

6. 受力模拟计算

由外观分析与断面分析，开裂起源于凸台根部位置，为了进一步了解样品受力情况，对样品进行建模分析。

设计仿真测试条件如下：①假设产品良好装配，绝缘筒和装配件之间装配间隙 1.5mm；②绝缘筒和装配件之间通过螺栓连接；③装配件边缘向下或者向上移动 1.5mm。这个过程相当于装配不良条件下锁紧螺栓的反过程，两者之间受力可以相互等效。下压 0.75mm 时的受力分析如图 5-21 所示。

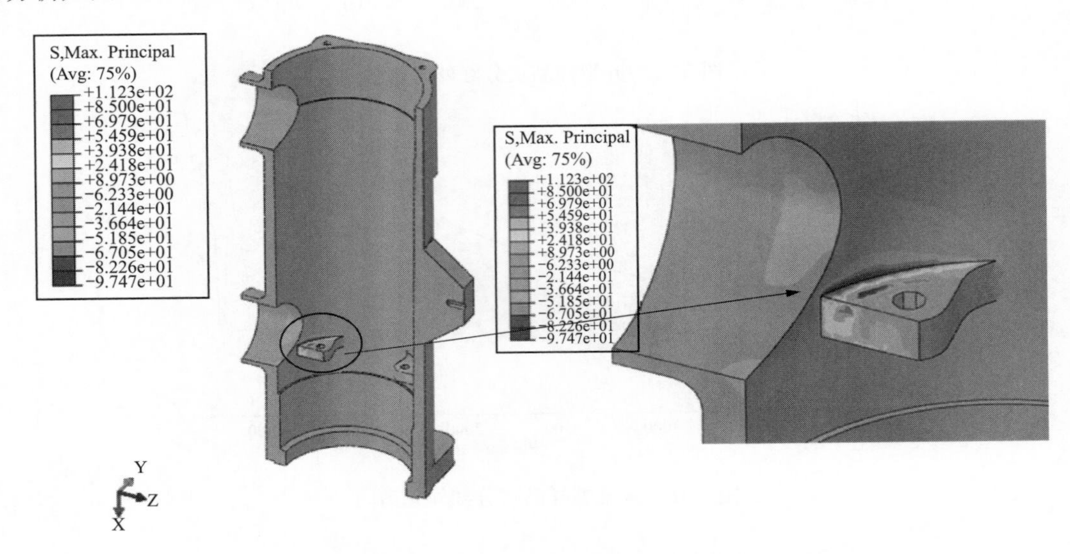

图 5-21 下压 0.75mm 时的受力分析

综合上述仿真分析，应力集中区域就是产品开裂起始位置。当产品力学性能不足时，首先将在应力集中区域发生断裂，这与失效位置吻合。建议厂商在应力集中区域过渡部分做一些设计上的改进。

7. 综合分析

综合上述分析，可以看出断裂样与未断裂样是两个批次的产品。绝缘筒材料的力学性能不足，在锁固凸台附近的绝缘筒内壁应力集中处率先发生断裂。相较而言，未发生断裂的产品力学性能优于断裂样，这主要是因为其填料粒径较小且均匀；但两者的力学性能都不满足出厂验收的要求。

5.1.2.3 故障原因

综上所述，样品断裂的主要原因为填料粒径分布较大，与基体结合不良，导致其力学性能不合格，从而在锁固凸台附近的绝缘筒内壁应力集中处率先发生断裂。

5.1.3 10kV 环网柜电缆套管击穿

5.1.3.1 故障简述

某环网柜内冒烟，抢修人员打开柜门检查后，发现两个间隔有灼烧痕迹；其中一个间隔内分线间隔电缆套管放电击穿，相邻间隔柜子击穿，因间隔受损严重，无法修复。10kV环网柜电缆套管击穿现场如图5-22所示，由图可见B相套管烧熔，外表面有熏黑痕迹。

图5-22　10kV环网柜电缆套管击穿现场

5.1.3.2　测试与分析

1. 加速老化试验

为检查电缆套管环氧树脂材料的抗老化性能，将故障样品同批次未发生故障的电缆套管制备多个试样，编号处理后作为此次热氧老化试验样品，电缆套管加工试样如图5-23所示。经200℃老化不同时间（7、14、21、28d），分别进行力学性能、热稳定性、微观结构、电性能等的分析。

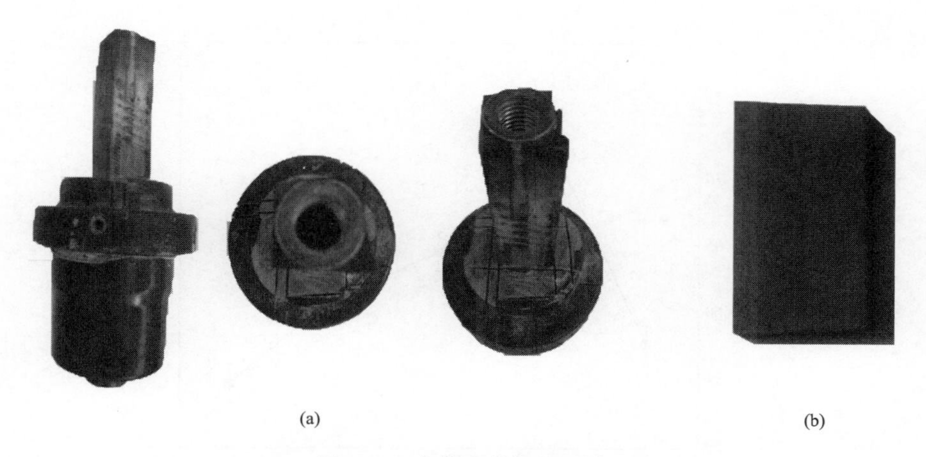

(a)　(b)

图5-23　电缆套管加工试样

(a) 电缆套管取样过程；(b) 电缆套管环氧树脂样品

2. 宏观分析

加速老化后，样品的宏观形貌如图5-24所示。从图5-24中可以看出，随着老化时间的增加，材料的颜色逐渐加深，且颜色加深部位的分布随着老化时间的增加逐渐扩展至整个复合材料表面。随着老化时间的增加，环氧树脂的颜色变化更为明显，整个试样的颜色完全加深改变。这主要是因为热老化过程中，表层树脂发生了氧老化反应，环氧树脂链段发生断裂生成活性自由基，与空气中的氧气反应，生成了新的发色基团，导致试样颜色发生变化；这也从侧面解释了在实际使用过程中，使用很久以后的绝缘子颜色变深的原因。

3. 弯曲性能试验

对加速老化后的样品进行弯曲试验，弯曲强度曲线如图5-25所示。从图5-25中可以看出，随着老化时间延长，材料弯曲强度先增大后减小，在第7天最大，说明环氧树脂在老化过程中发生了后固化反应，导致材料性能提高。老化时间超过7d以后，材料开始降解，

图 5-24 加速老化后样品宏观形貌

助剂析出，分子链断裂，从而导致性能下降较为严重。材料在老化过程中后固化反应与老化降解反应是同时进行的，前期以固化为主，后期以热老化降解为主，其主要的老化降解机理如下所述。

在老化过程中，树脂内部残留的水分子或其他助剂小分子在基体中的扩散作用使基体发生溶胀、增塑，树脂吸湿引起的湿膨胀系数不同所产生的湿应力不同，同时树脂基体中酯基发生水解反应，导致其界面结合力降低，造成试样的弯曲强度下降。在高温老化过程中，试样温度升高使得因膨胀系数不同而产生的热应力损伤增大，同时促进材料内部水分子与树脂的水解反应以及高温作用下的热氧老化，导致试样内部产生裂纹及基体老化降解，使得试样的弯曲强度下降。

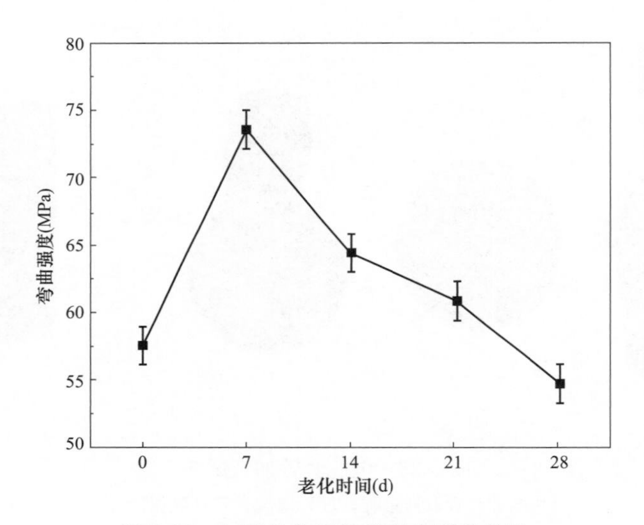

图 5-25 加速老化后样品弯曲强度曲线

4. 红外光谱分析

对加速老化后的样品进行红外光谱分析，红外光谱图如图 5-26 所示。图 5-26 中，在 2960/cm处为环氧树脂中亚甲基（CH_2）的伸缩振动峰，1730/cm 处为其他单体的羰基峰(例如饱和酯等)，1450、1500、1600/cm 处的吸收峰表征了苯环 C＝C 伸缩振动，在 1000/cm处为醚键（C—O—C）的伸缩振动峰，说明该材料为双酚 A 类环氧树脂。随着老化时间延长，C—H、苯环 C ══C、C ══O 吸收峰强度明显下降，C—O—C 吸收峰强度下降，说明在老化过程中主链发生断裂。

此外，老化后绝缘子颜色变深、变黄，主要是因为不同循环老化周期次数下试样与空气中的氧气发生热氧反应产生新的发色基团，使其颜色变黄。

5. SEM 以及 EDS 分析

对加速老化后的样品进行扫描电子显微镜分析，加速老化后样品的 SEM 形貌如图 5-27 所示。随着老化时间增加，表面碎片化颗粒越来越多，半径尺寸减小，裂隙增多，间距加

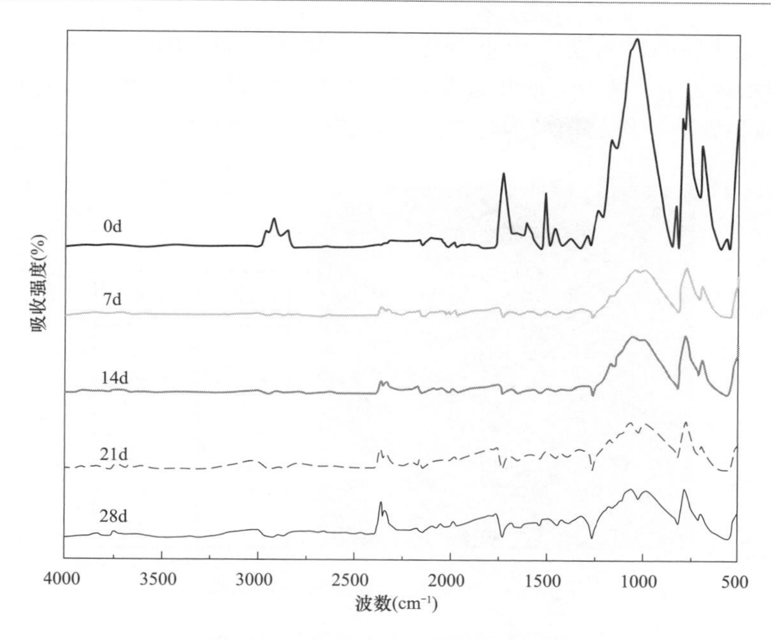

图 5-26　加速老化后样品红外光谱图

大，形成疏松的炭化层，说明材料表面发生了降解。随老化周期次数的增加，树脂基体发生水解反应和热氧老化降解，两者相互促进导致树脂基体降解、脱落，从微观角度揭示了环氧树脂材料热氧条件下的绝缘劣化机理。

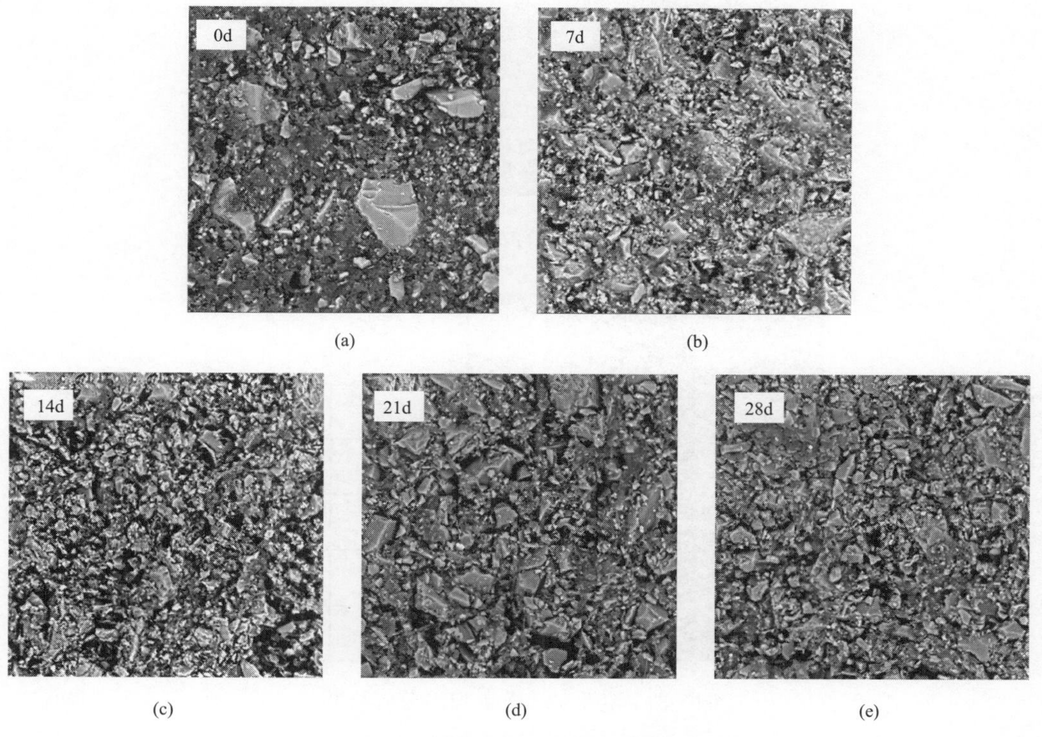

图 5-27　加速老化后样品 SEM 形貌

(a) 未老化；(b) 老化 7d；(c) 老化 14d；(d) 老化 21d；(e) 老化 28d

随后对加速老化后的样品进行 EDS 分析，结果如图 5-28～图 5-32 所示。元素分析该材料以碳、氧、硅元素为主。其中碳、氧元素来自环氧树脂，硅元素来源于其他助剂。图 5-28～图 5-32 中多个体积大小不等的颗粒为含有硅元素的助剂。

元素	含量
O	39.61
Si	27.69
Au	17.09
C	15.60

图 5-28　未老化样品 EDS 分析结果

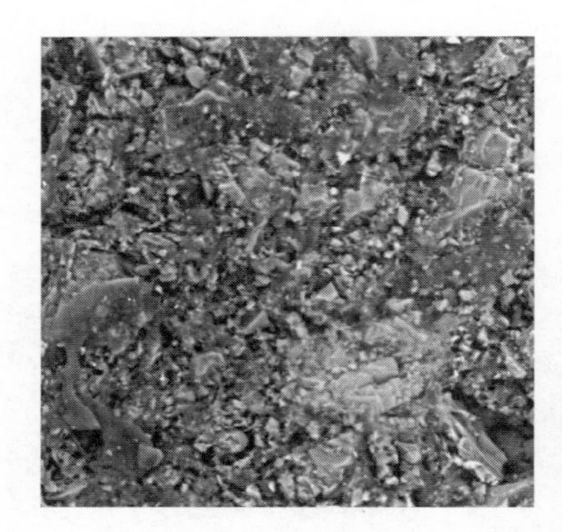

元素	含量
O	45.66
Si	34.46
Au	15.84
C	4.04

图 5-29　老化 7d 样品 EDS 分析结果

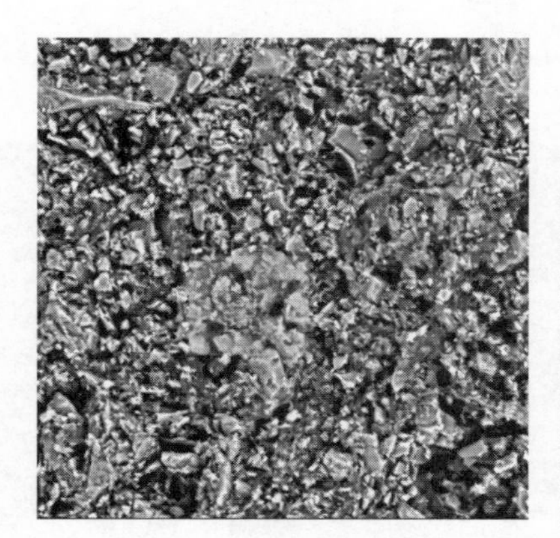

元素	含量
O	48.20
Si	31.19
Au	12.09
C	5.46

图 5-30　老化 14d 样品 EDS 分析结果

通过元素分析发现，随着老化时间增加，氧元素含量由未老化时的 39.6％增加到 50％

左右，碳元素含量由 15.6%下降至 3.5%；说明随着时间延长，由于热氧等因素的影响，绝缘子逐渐发生了老化作用，材料发生了降解。在实际使用过程中，绝缘子同样会受到热、氧等老化因素的影响；随着使用时间的延长，降解越来越严重，最终导致失效。

元素	含量
O	50.92
Si	30.64
Au	13.37
C	5.07

图 5-31　老化 21d 样品 EDS 分析结果

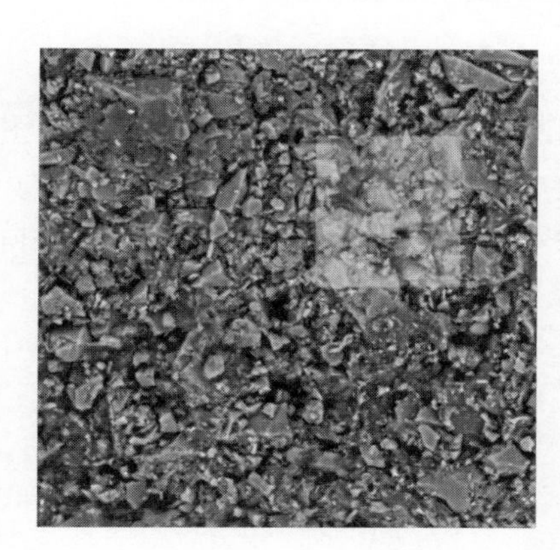

元素	含量
O	49.95
Si	34.66
Au	11.88
C	3.51

图 5-32　老化 28d 样品 EDS 分析结果

6. 热稳定性分析

对加速老化后的样品进行热稳定性分析，结果如图 5-33 所示。从图 5-33 中可以看出，材料的热失重分两步完成：①从 30～380℃，质量变化较小，剩余质量由原来的 100%下降至 97%，这一步失重主要是样品中的水分或低分子物的挥发所致；②从 380～500℃，剩余质量由 97%下降至 65%左右，主要是环氧树脂在此温度范围内发生了分解及炭化。温度继续升高，样品残余量基本不变，主要是样品发生炭化完全，同时所有有机裂解产物完全挥发。

随着老化时间延长，800℃时材料的残留量先增加后降低，说明老化过程中材料发生后固化反应，一定程度上提高了绝缘子材料的热稳定性；继续老化，固化反应不明显，材料开始以降解为主。当在 200℃老化 28d 时，材料性能下降更加明显，800℃时残碳量更低，说明此时材料失效更为严重。热重分析在一定程度上模拟了材料的实际使用过程，随着绝缘子使用时间越来越长，其热稳定下降，内部发生降解，最终导致材料绝缘性下降，导致失效。

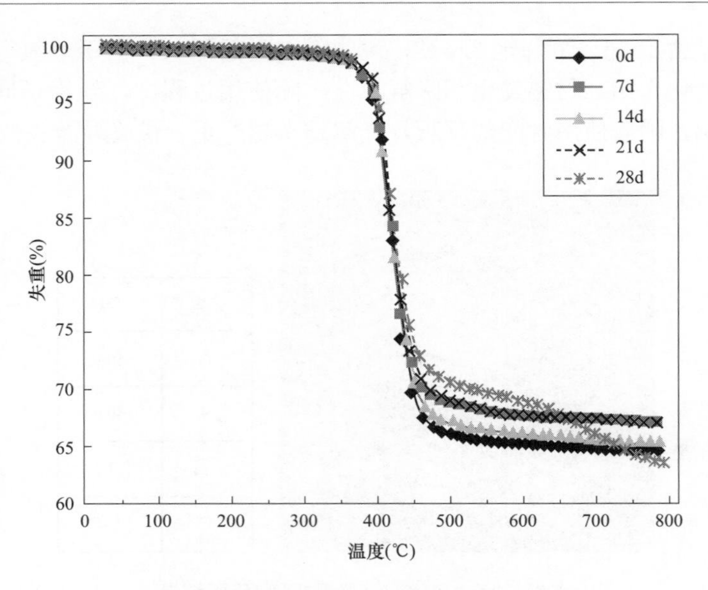

图 5-33 加速老化后样品热稳定性分析结果

7. 体积电阻率分析

对加速老化后的样品进行体积电阻率分析，体积电阻率变化曲线如图 5-34 所示。复合绝缘子和电力设备在运行过程中，电晕放电、温度高、热氧老化是难以避免的，长期暴露于该环境会引起环氧树脂表面被腐蚀，且会对其结构造成破坏，导致憎水性降低、缝隙变形和表面氧化等，最终影响产品性能。

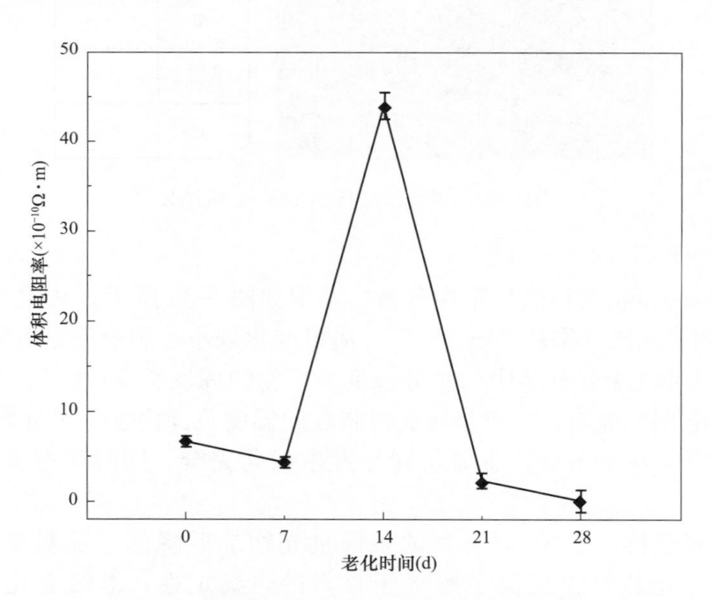

图 5-34 加速老化后样品体积电阻率变化曲线

从图 5-34 中可以发现，随着老化时间延长，绝缘子体积电阻率呈现先增大后减小的趋势，结合相关文献资料分析表明环氧树脂类材料在老化过程中存在后固化反应。在实际使用过程中，初期绝缘子性能良好；随着热、氧等因素的影响，材料性能下降，尤其是电性能，久而久之导致绝缘性能失效，最终导致事故发生。

5.1.3.3　故障原因

综上所述，故障绝缘子为环氧树脂材料。老化初期，环氧树脂发生后固化反应，材料性能提升。老化后期，环氧树脂以热老化降解为主，材料性能下降。实际使用过程中，由于热氧、电、水分等因素的影响，材料发生降解，材料分子链段断裂，小分子物质增多，导致材料电性能、热稳定性、力学性能等下降，最终导致事故发生。

5.1.4　端子箱出线电缆绝缘层开裂

5.1.4.1　故障简述

运维人员发现某端子箱出线电缆的绝缘层在运行过程中出现了开裂现象，并且发生开裂现象的电缆数量较多。端子箱出线电缆绝缘层开裂现场如图 5-35 所示，取开裂样品与同批次未开裂的样品进行对比试验。

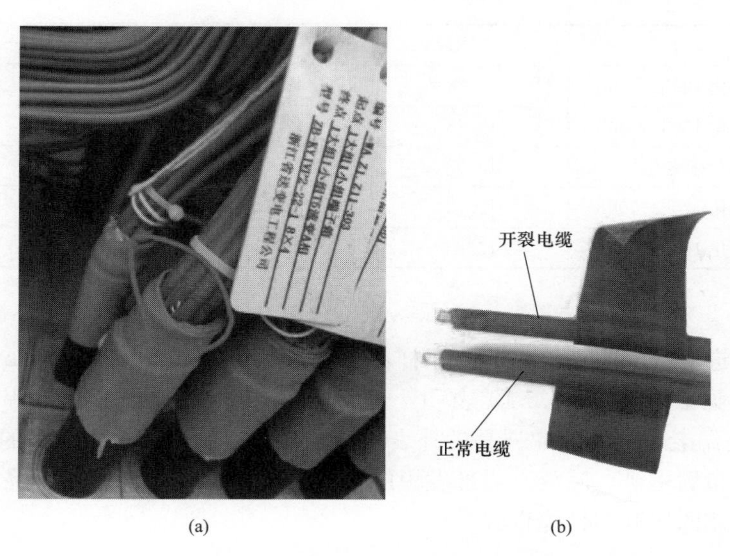

图 5-35　端子箱出线电缆绝缘层开裂现场

（a）电缆工作现场；（b）开裂电缆与正常电缆宏观形貌对比

5.1.4.2　测试与分析

1. 宏观分析

对电缆样品进行编号以及外观尺寸测量，正常样品为 1 号、开裂样品为 2 号，测量结果见表 5-8。根据表 5-8 中的测试数据，通过尺寸测量，开裂电缆的裂纹尺寸达到了 4mm，占外径周长的 25.5%，说明开裂比较严重。

表 5-8　电缆的外观尺寸测量结果

样品编号	状态	数量	长度（cm）	裂纹长度（mm）	外径 D（mm）	裂纹占比（%）
1	正常电缆	1	83	—	5	—
2	开裂电缆	1	83	4	5	25.5

2. 力学性能分析

对电缆样品进行拉伸性能测量，分别对老化前后进行测试，电缆绝缘层拉伸试验结果见表5-9。表5-9表明，正常样品（1号）和开裂样品（2号）未老化的断裂伸长率都在400%以上。同时对正常样品和开裂样品进行加速老化试验，在120℃和150℃老化96h，测得的断裂伸长率变化率相差不大，范围在5%～10%左右，说明正常样品和开裂样品的弹性性能相差不大，经过高温老化后的性能依然保持较好的韧性；正常样品和开裂样品未老化的抗张强度在12～14MPa范围内，老化后的抗张强度的变化率都很小，都在5%以下，说明正常样品和开裂样品本身的抗破坏能力满足正常使用的要求。

表5-9　电缆绝缘层拉伸试验结果

样品编号	老化状态	抗张强度（MPa）	抗张强度变化率（%）	断裂伸长率（%）	断裂伸长率变化率（%）
1	未老化	12.81	0	410	0
	老化120℃×96h	12.28	4.1	400	2.5
	老化150℃×96h	12.25	4.4	388	5.4
2	未老化	13.93	0	420	0
	老化120℃×96h	13.73	1.4	388	7.6
	老化150℃×96h	13.23	5%	375	10.7

3. 抗开裂性能分析

对电缆样品进行抗开裂性能试验，将样品放置在150℃下进行老化72h，电缆绝缘层的抗开裂试验结果见表5-10。表5-10表明，正常样品（1号）和开裂样品（2号）在经过150℃×72h的高温老化状态下，样品的外表面发生了一定的变化，由原来的光滑、透亮、蓝色变成了粗糙、布满褶皱、暗淡、局部发黑的现象，但正常样品和开裂样品都未出现开裂现象，说明样品整体的抗开裂性能良好。

表5-10　电缆绝缘层抗开裂试验结果

样品编号	环境条件	说明
1	150℃×72h	材料表面存在褶皱，但未出现开裂现象，外观颜色经老化后变成暗黑色
2	150℃×72h	材料表面存在褶皱，但未出现开裂现象，外观颜色经老化后变成暗黑色

4. 收缩率分析

对电缆样品进行收缩性能试验，将样品放置在150℃下进行老化96h，电缆绝缘层的收缩试验结果见表5-11。表5-11表明，正常样品（1号）和开裂样品（2号）在经过150℃×96h的高温老化状态下，样品都出现了不同程度的收缩。正常样品的收缩率相对较小，收缩率为1%；开裂样品的收缩率为5%，但是两组样品整体的收缩率并不大。

表 5-11　电缆绝缘层收缩率试验结果

样品编号	环境条件	老化前长度（mm）	老化后长度（mm）	收缩率（%）
1	150℃×96h	102	101	1
2	150℃×96h	102	97	5

5. 红外光谱分析

对电缆样品做材料定性分析，通过红外光谱分析仪进行测试分析，样品的红外光谱图如图 5-36 所示。傅里叶红外光谱的分析结果表明，两种同一规格型号的电缆均为聚乙烯和聚烯烃共混材料，红外谱图中未出现明显的变化。

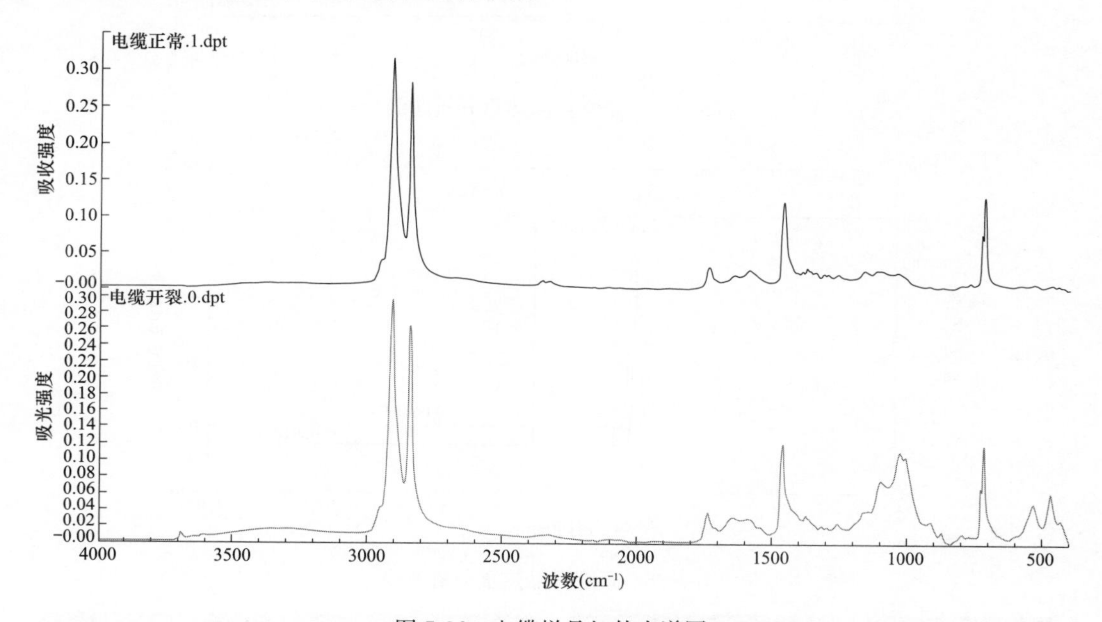

图 5-36　电缆样品红外光谱图

解析红外光谱图可得，在 2914.97/cm 处有 $-CH_2-$ 键不对称伸缩振动峰，在 2847.55/cm 处出现了 $-CH_2-$ 键对称伸缩振动峰，在 1462.75/cm 处出现了 $-CH_2-$ 键弯曲振动峰；根据谱库检索分析得知，基材是聚乙烯，在 2957.14/cm 出现很小的特征峰，此特征峰属于聚烯烃。由于聚乙烯是主要基材，掩盖了聚烯烃，使得特征吸收峰变得比较弱，所以正常样品（1 号）是聚乙烯和聚烯烃共混材料。

6. 热重分析

对电缆样品做组分分析，通过热重设备进行测试分析，样品的热重分析曲线如图 5-37和图 5-38 所示。热重分析结果表明，正常样品（1 号）和开裂样品（2 号）的最大分解温度和失重量相差不大，最大分解温度都在 490℃以上，失重量都接近 99%左右，说明正常样品和开裂样品的组分相差不大，同时也说明了两组电缆的基材中都未加任何填料，都属于纯料。

7. SEM 及 EDS 分析

将电缆样品断口喷金后观察其微观形貌，通过扫描电子显微镜进行测试分析，断口的 SEM 形貌如图 5-39 和图 5-40 所示。微区形貌观察结果表明，正常样品（1 号）切割面整体

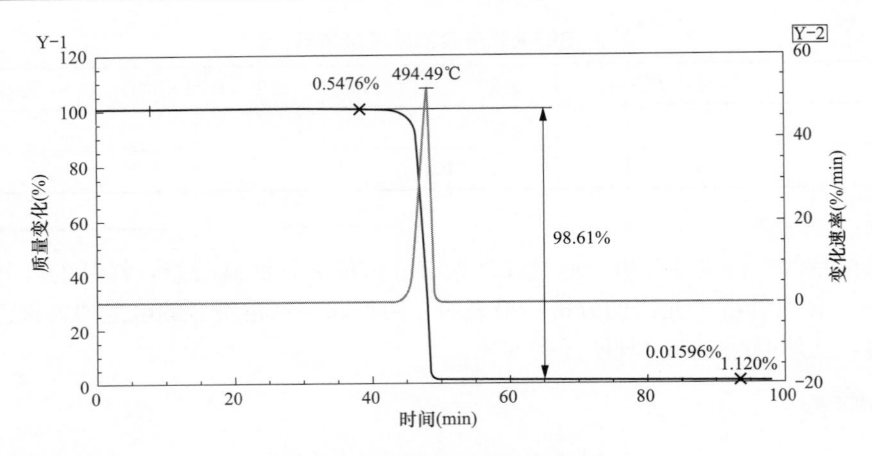

图 5-37 正常样品热重分析曲线

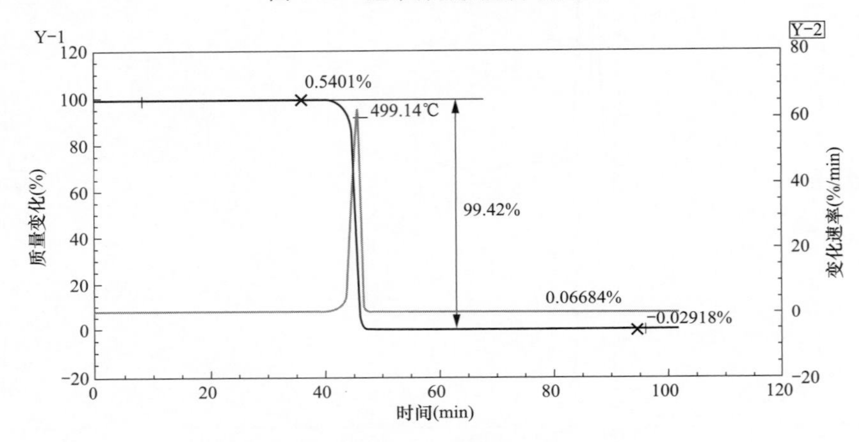

图 5-38 开裂样品热重分析曲线

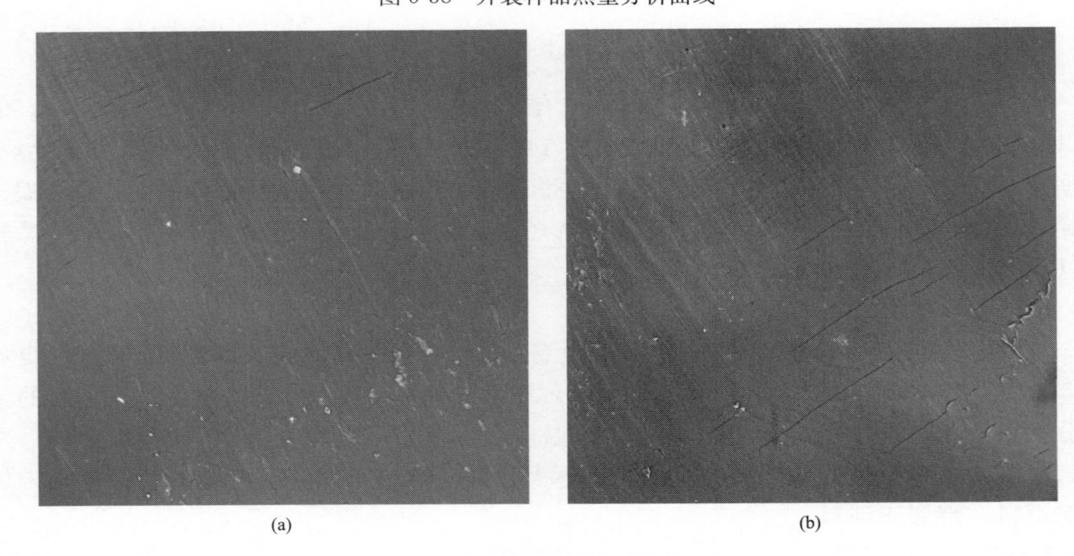

图 5-39 正常样品断口 SEM 形貌

(a) 形貌 1；(b) 形貌 2

平整、光滑，无任何杂质；开裂样品（2 号）表面粗糙，有大量的污染物，断裂面在破损裂缝中可以发现拉扯产生的丝状，因此此处破裂也是由较强的外力引起的。

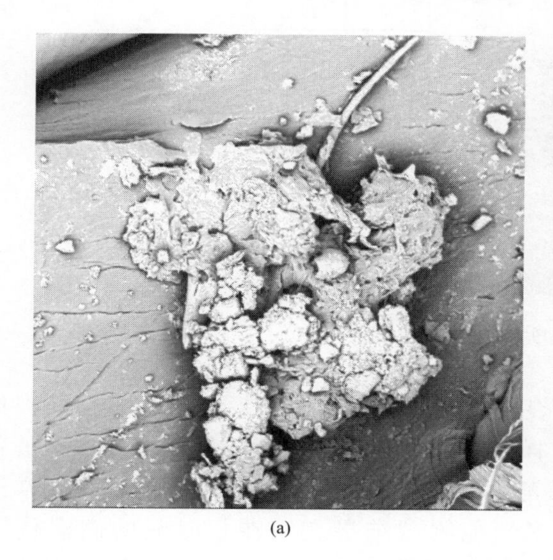

(a)

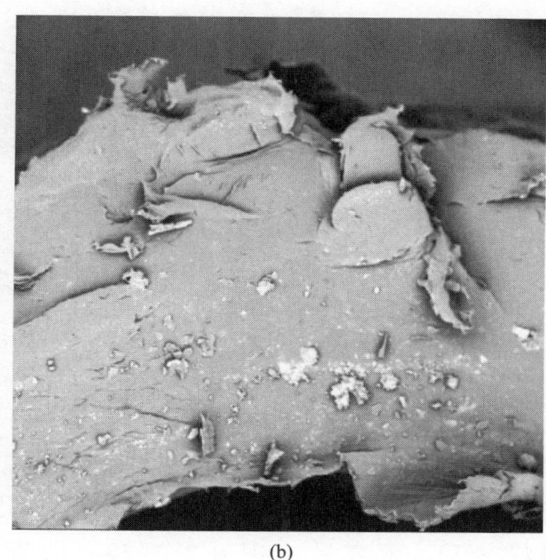

(b)

图 5-40　开裂样品断口 SEM 形貌

（a）形貌 1；（b）形貌 2

对正常样品和开裂样品的断口进行 EDS 分析，结果如图 5-41 和图 5-42 所示。通过能谱分析发现，除了碳元素和氧元素之外，还有含量少量的铜元素和金元素；这是由于电缆所安装的导体是铜质的，有极微量的金属元素附着在了电缆上，金元素是由于喷金后所致。但是由开裂样品的 EDS 分析，可以看出表面有较多的杂质；由于开裂产生的缝隙，经长时间环境作用下，产生了大量了污染物。

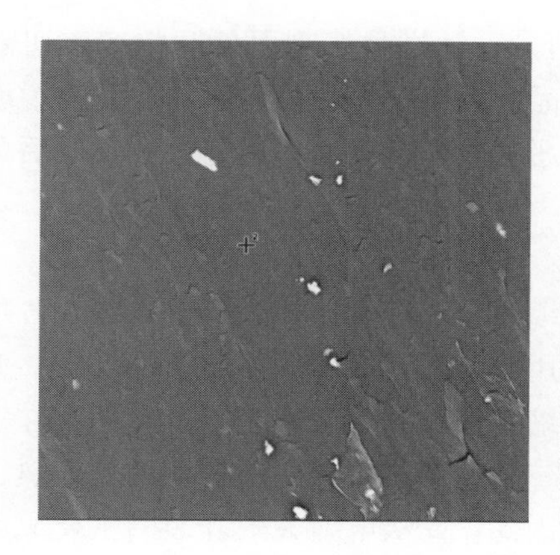

元素	含量
C	26.51
Au	68.78
O	3.89
P	0.81

图 5-41　正常样品断口 EDS 分析结果

8. 综合分析

（1）外观检查和尺寸测量结果表明，正常样品和开裂样品外观均光滑整洁，表面无划痕，尺寸大小无任何偏差，排除表面划伤导致绝缘的开裂。

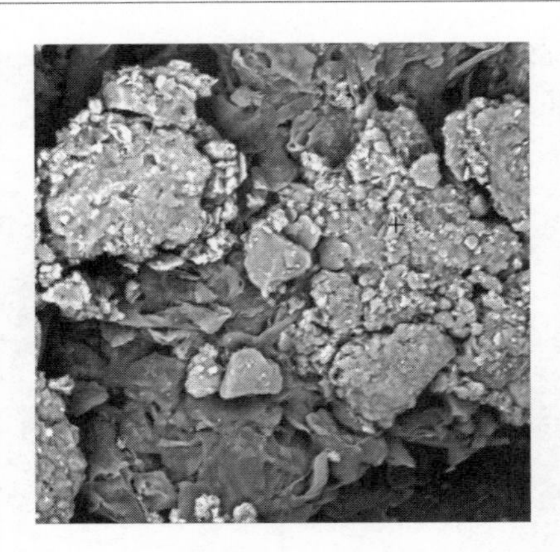

元素	含量
O	33.48
Si	13.81
Al	12.04
K	6.29
Au	24.50
Ca	3.11
S	1.87
Fe	3.09
Na	0.91
Mg	0.91

图 5-42 开裂样品断口 EDS 分析结果

(2) 根据力学性能分析，正常样品和开裂样品的老化前和老化后的整体拉伸断裂伸长率和抗张强度变化率相对较小，说明正常样品和开裂样品拉伸性能都比较好，也具备很好的抗热老化能力；抗开裂性能测试结果表明材料具备很好的抗开裂性能，在正常的环境状态下，不容易出现开裂现象；收缩率性能测试结果表明在长时间的高温作用下，样品的收缩变化不大，没有过度收缩，不存在内部热应力的作用导致的开裂。通过拉伸、抗开裂、收缩率力学指标分析，排除了热老化作用和制造过程中热应力导致的开裂。

(3) 通过理化性能的分析，红外光谱分析结果表明，正常样品和开裂样品均属于同一材质，都是聚乙烯/聚烯烃的共混材料；热重分析结果表明样品中都未加任何填料，是纯的聚乙烯和聚烯烃共混材料。结合理化分析，不排除光老化的作用；因为在较强的紫外光长期照射下，聚乙烯会引入较多的含氧基团，聚合物链大量断裂，分子量降低，分子量的分布加宽。

(4) 微观形貌和 EDS 分析结果表明，正常样品切割面外观整齐，切割面平整，无任何崎岖、凹坑、裂纹的现象；开裂样品样品表面粗糙，有大量的污染物，说明样品长期暴露在空气当中，所处的环境条件也相对较为恶劣，同时表面断口部位有扯断后的拉丝状，说明断口非尖锐物体划伤所致的开裂。

5.1.4.3 故障原因

综上所述，通过正常电缆和开裂电缆对比，进行排除法分析，结合各项测试方法，排除了热老化作用、制造过程中的热应力作用以及人为原因划伤所致的开裂。此次绝缘开裂的位置处于热缩套管和绑扎带之间，根据热缩套管的安装原理判断，可能存在安装操作不规范的现象。绝缘成束绑扎弯折，最外层存在一定的弯曲应力，在长期的光、热、氧、应力诸多因素的共同作用下，加快材料应力开裂。因此，此次电缆失效开裂的主要原因可能是由于安装热缩套管操作不合理导致的绝缘开裂。

5.1.5 GIS 环氧套管失效

5.1.5.1 故障简述

某 220kV 变电站电缆及附件线路运行时 B 相户外 GIS 终端发生故障，B 相环氧套管发生击穿并开裂，导致跳闸。故障发生时，设备区域环境温度约－7℃，正经历寒潮极端气候。

失效环氧套管如图 5-43 所示。

5.1.5.2　测试与分析

1. 宏观检查

对开裂的环氧套管进行目视检查及渗透检测，进一步剖析开裂原因。从宏观形貌来看，环氧套管底部法兰发现 3 处贯穿性裂纹，如图 5-44 所示。其中，裂纹 1、裂纹 2 沿下电极螺栓孔环向开裂；裂纹 3 与裂纹 2 连在一起，是裂纹 2 的扩展。

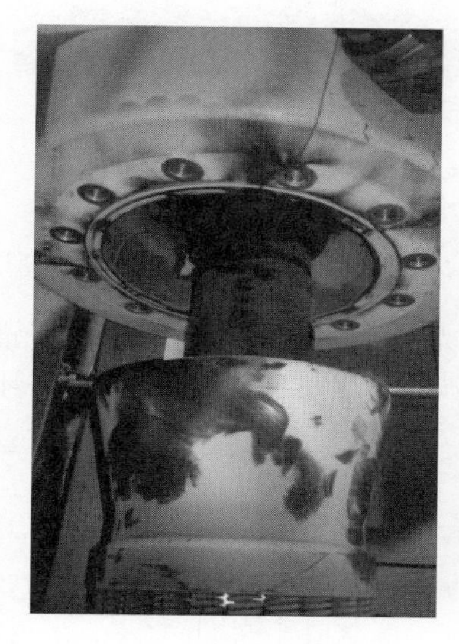

图 5-43　失效环氧套管

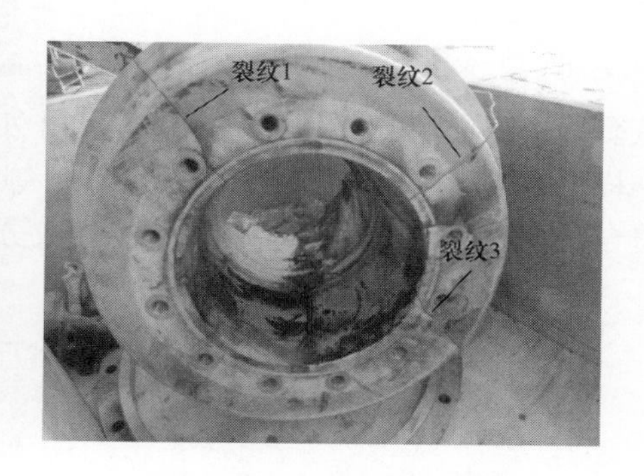

图 5-44　环氧套管宏观形貌

对该套管进行渗透检测后发现，故障套管发现 4 处裂纹，如图 5-45 所示。其中，裂纹 1 是现场发现的贯穿性的宏观大裂纹，裂纹 2、3、4 属于表面的未扩展的小裂纹，这 4 条裂纹都诞生于下电极螺栓孔。另外，发现螺栓孔与周围的环氧树脂结合的间隙深浅不一。

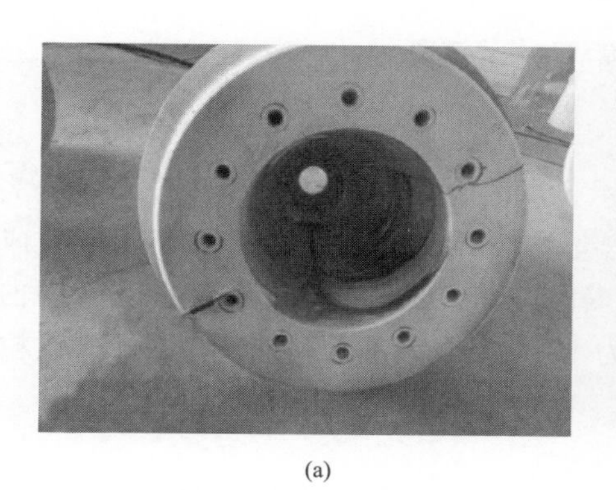

(a)

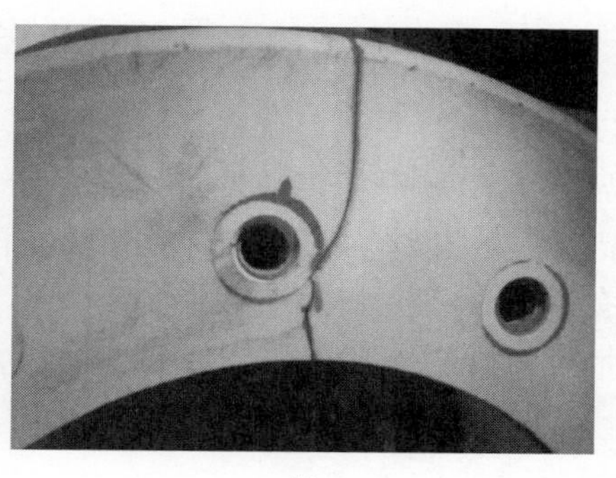

(b)

图 5-45　环氧套管渗透检测结果（一）

(a) 裂纹 1；(b) 裂纹 2

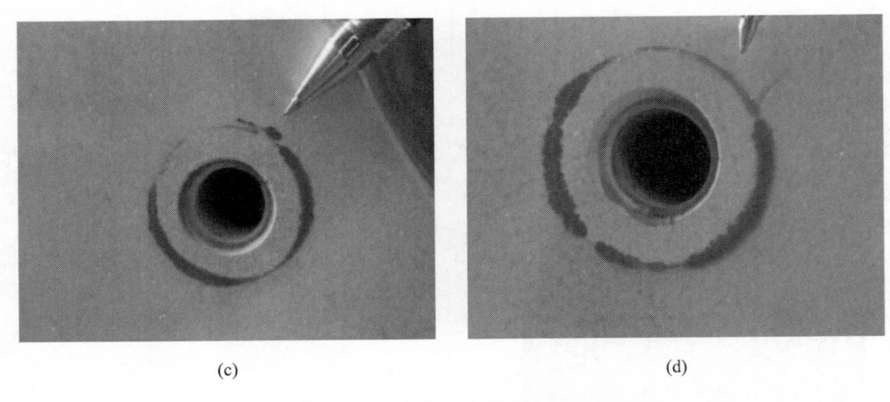

(c)　　(d)

图 5-45　环氧套管渗透检测结果（二）
(c) 裂纹 3；(d) 裂纹 4

2. 成分分析

对环氧套管进行傅里叶红外光谱测试，其红外光谱图如图 5-46。根据红外光谱分析测试报告结果，样品在 1508、1240、1821、830/cm 等波长段存在明显的吸收峰，与环氧树脂的特征峰相符合，因此可以证明环氧套管的主要成分为环氧树脂。

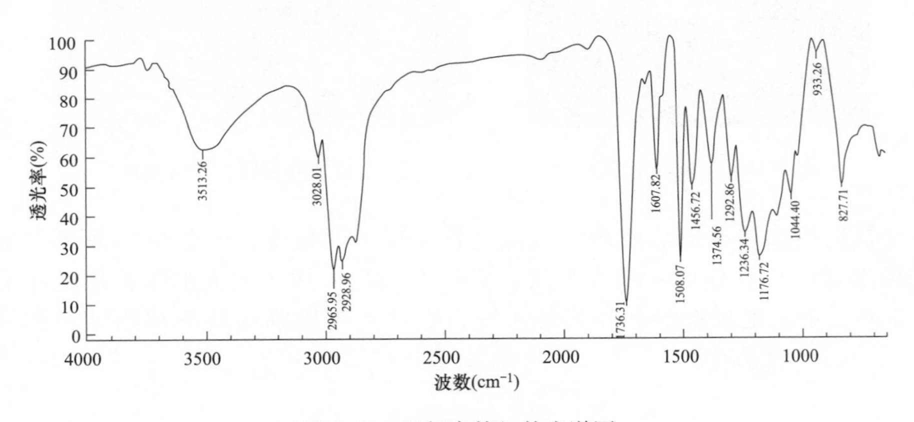

图 5-46　环氧套管红外光谱图

3. EDS 分析

对样品进行 EDS 分析，结果如图 5-47 所示。从图 5-47 中可知，测试位置 1 处为无机填料部分，铝元素的含量为 71.6%，氧元素的含量为 28.4%；测试位置 2 处为主要成分是环氧树脂的有机部分，碳元素的含量为 77.6%，氧元素的含量为 22.4%。图 5-47 中白色氧化铝颗粒为带棱角的不规则多面体，最大尺寸为 57.1μm，较小尺寸为 9.41μm，颗粒大小不均匀。

4. 机械性能分析

取样做常温和－20℃低温拉伸、压缩试验，抗拉强度和抗压强度测试数据分别见表 5-12 和表 5-13。从试验结果来看，常温与－20℃低温下环氧树脂的机械性能差别不大，说明样品的低温脆性不是很明显。

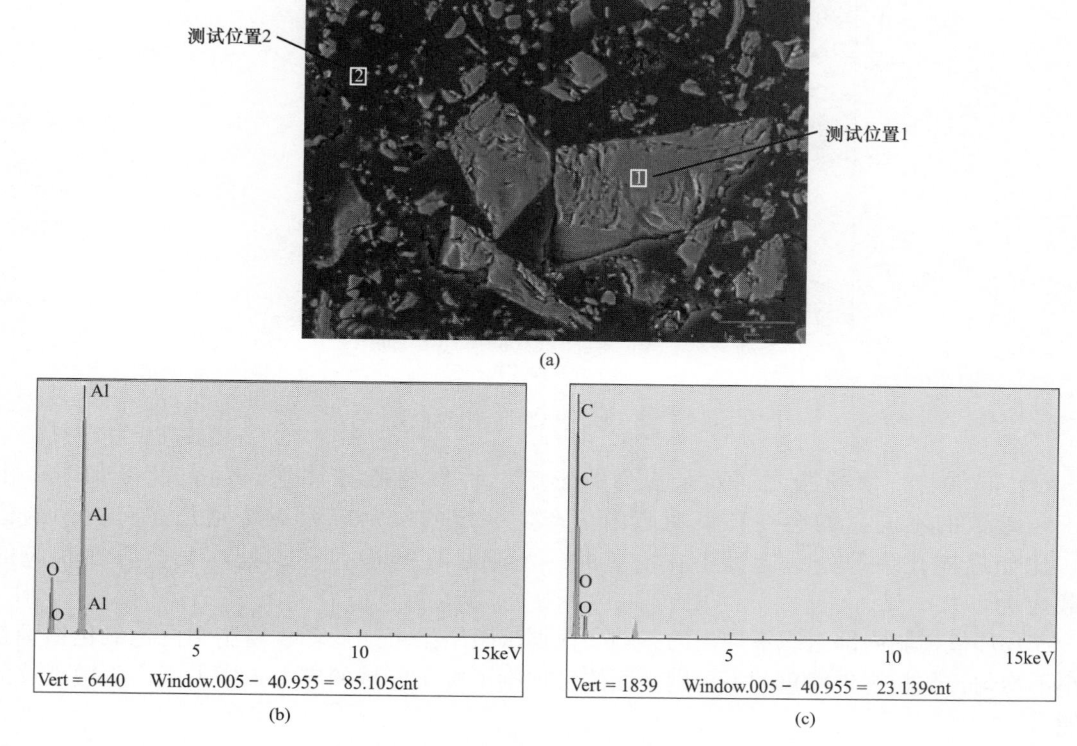

图 5-47　环氧套管 EDS 分析结果

（a）测试位置；（b）图谱 1；（c）图谱 2

表 5-12　　**抗拉强度测试数据**　　MPa

试验温度（℃）	抗拉强度（试样 1）	抗拉强度（试样 2）
室温 20	70	66
−20	76	73

表 5-13　　**抗压强度测试数据**　　MPa

试验温度（℃）	抗压强度（试样 1）	抗压强度（试样 2）
室温 20	139	140
−20	147	154

采用热机械分析法测定样品的固体材料线性热膨胀系数，热膨胀测试曲线如图 5-48 所示。在试验温度区间 20～50℃，线性膨胀系数测试结果为 44.3μm/（m·℃）。

5. 综合分析

此次开裂的环氧套管底部法兰发现三处贯穿性裂纹，其中有两道位于沿螺栓孔环的嵌件处，一道位于环氧套管表面。

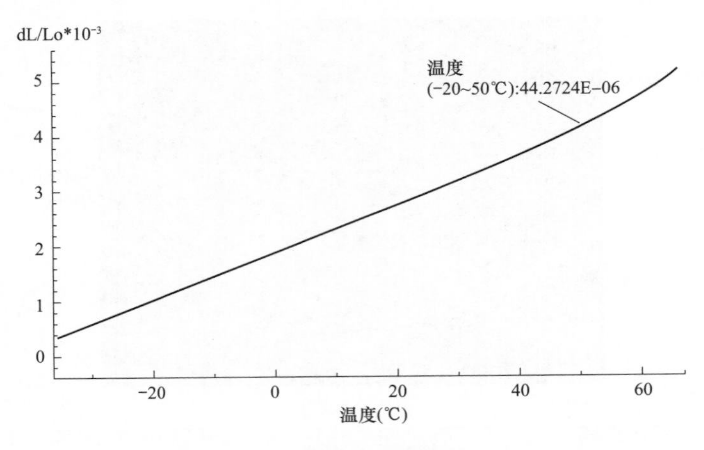

图 5-48　样品热膨胀测试曲线

（1）嵌件与环氧树脂之间残余应力的影响。环氧树脂在注射、固化及冷却时，由于工艺参数的不同，均会在环氧树脂内部产生一定的残余应力；特别是在有嵌件的位置，比如螺栓孔环等处。当设备在安装时，特别是在螺栓孔环等处，又会叠加相应的承载应力。

（2）环氧树脂内部组织不均匀的影响。根据试验结果可知，环氧树脂中白色氧化铝颗粒大小不均匀，颗粒为带棱角的不规则多面体，加剧了棱角区域的应力，增大了产生微裂纹的可能。

（3）极寒天气下嵌件与环氧树脂之间膨胀不一致的影响。前述试验显示，套管所用环氧树脂的线膨胀系数大小约为 $44.3\times10^{-6}/℃$，而嵌件材料铸铝 5052 的线膨胀系数只有 $23.8\times10^{-6}/℃$，两者之间存在不小的差距。而寒潮中环境气温急剧下降，下降幅度达 12～15℃（故障发生时，现场的环境温度约为－7℃）。温度的下降会使环氧树脂和嵌件两种材料均产生收缩。根据两者的线膨胀系数的差别可知，环氧树脂的收缩程度较铸铝件大。一般可认为环氧套管在室温（20℃）装配时，内部金属嵌件与外部环氧树脂外壳是紧密贴合的；那么外部的环氧树脂外壳在内嵌件的支撑作用下并不能发生自由变形，而是被拉伸产生了一定的弹性变形。

1）当不考虑螺栓预紧力对内嵌件的变形影响时，相对变形量约为：

$$\Delta a=(a_1-a_2)\times\Delta T=(44.3-23.8)\times10^{-6}\times27=0.055\% \tag{5-1}$$

式中　Δa——相对变形量；

a_1——环氧树脂的平均线性膨胀系数；

a_2——铸铝 5052 的平均线性膨胀系数；

ΔT——温差。

2）当认为预紧力足以固定内嵌件，使之不产生任何弹性变形时，相对变形量约为：

$$\Delta a=(a_1-a_2)\times\Delta T=(44.3-0)\times10^{-6}\times27=0.120\% \tag{5-2}$$

式中　Δa——相对变形量；

a_1——环氧树脂的平均线性膨胀系数；

a_2——铸铝 5052 的平均线性膨胀系数；

ΔT——温差。

实际情况应介于上述两种情况之间。由以上结果可以看出，膨胀在局部引起了一个不小的弹性变形，从而引起应力集中。这个应力与上述三种影响因素相互叠加，使环氧树脂的内应力超过了其承受极限，最终导致环氧固化物开裂。

5.1.5.3　故障原因

综上所述，结合220kV变电站B相环氧套管的开裂情况看，无论是已经造成套管破坏的大裂纹，还是刚刚萌发的、还未扩展的小裂纹，均诞生于下法兰端部电极螺纹孔边缘。因此，可以得出下电极螺纹孔边缘环氧树脂套管本体开裂是此次绝缘失效故障的根源；由于环氧套管是脆性材料，在温差产生的应力影响下，在制造或安装过程中产生的位于螺栓孔边缘间隙的微裂纹很快扩展成为宏观大裂纹，从而导致环氧套管失效。

5.1.6　110kV电缆本体击穿

5.1.6.1　故障简述

某110kV电缆发生故障，为明确故障原因，将一段故障电缆本体送样测试。根据故障电缆的出厂报告，该电缆为交联聚乙烯绝缘电力电缆，型号为YJLW03-Z1×630mm^2，导体标称截面积为630mm^2，电压等级为64/110kV，出厂试验项目全部合格。

5.1.6.2　测试与分析

1. 宏观检查

首先对送样的电缆本体进行宏观检查，其宏观形貌如图5-49所示。从宏观上看，电缆样品长约2m，截面为圆形。从电缆截面来看，电缆本体从内到外可分为导体层、半导电层、导体屏蔽、绝缘层、绝缘屏蔽层、半导电缓冲层、金属护套、沥青层、非金属外护套、挤包半导电层。电缆样品外观完好，两头绝缘屏蔽层以外的包覆层已经被剥去，露出的外表面光滑、致密，未见明显异常。

2. 尺寸测量

依据《额定电压110kV（U_m=126kV）交联聚乙烯绝缘电力电缆及其附件　第1部分：试验方法和要求》（GB/T 11017.1—2014）中的试验方法对电缆的各层进行尺寸测量，如图5-50所示。同时，运用全自动电缆投影仪对电缆绝缘屏蔽以内的截面样品尺寸也进行测量，如图5-51所示。电缆尺寸测量结果见表5-14。

从测量结果来看，电缆样品的所有尺寸均符合《额定电压110kV（U_m=126kV）交联聚乙烯绝缘电力电缆及其附件　第2部分：电缆》（GB/T 11017.2—2014）的要求，尺寸合格。

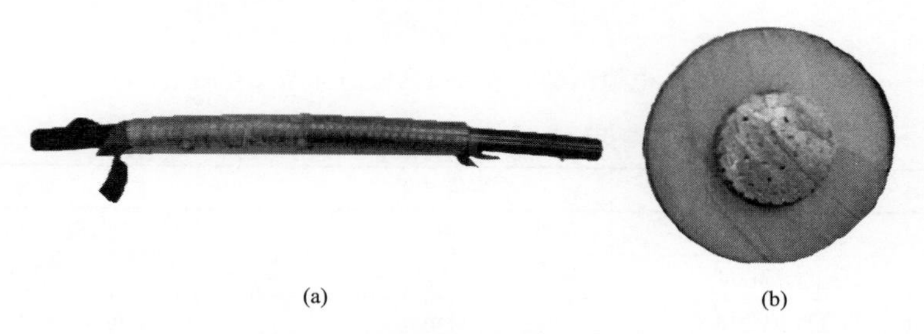

(a)　(b)

图5-49　故障电缆宏观形貌（一）
（a）电缆试样；（b）电缆截面

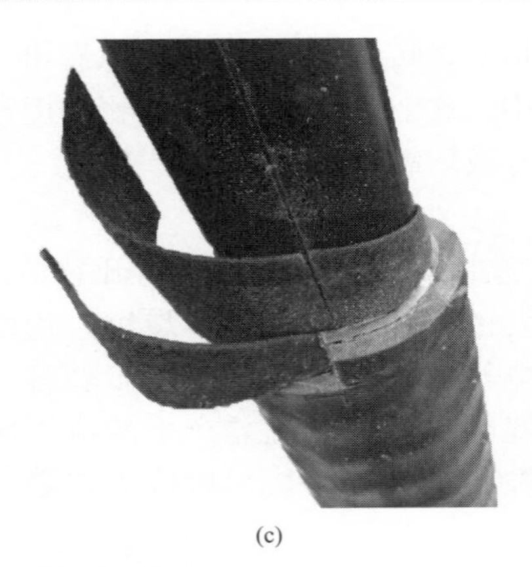

(c)

图 5-49 故障电缆宏观形貌（二）

（c）电缆包覆层

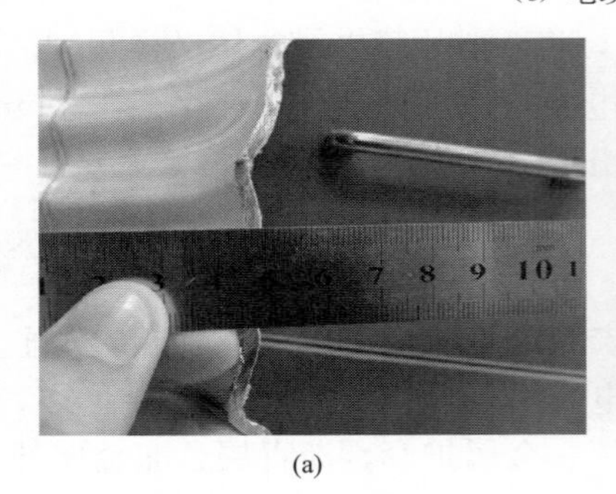

(a)

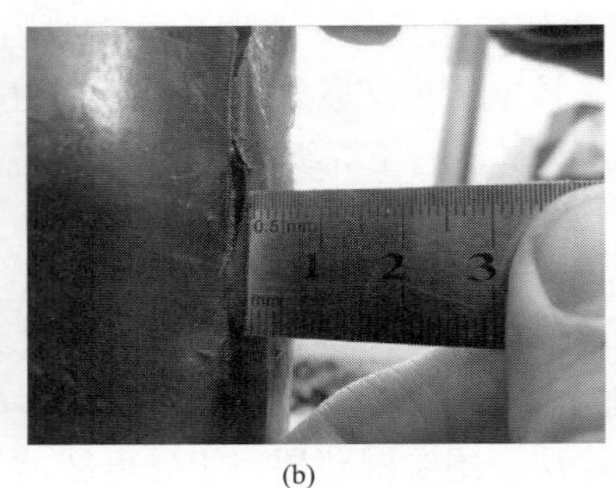

(b)

图 5-50 电缆各层尺寸测量

（a）测量电缆金属套厚度；（b）测量电缆非金属外护套厚度

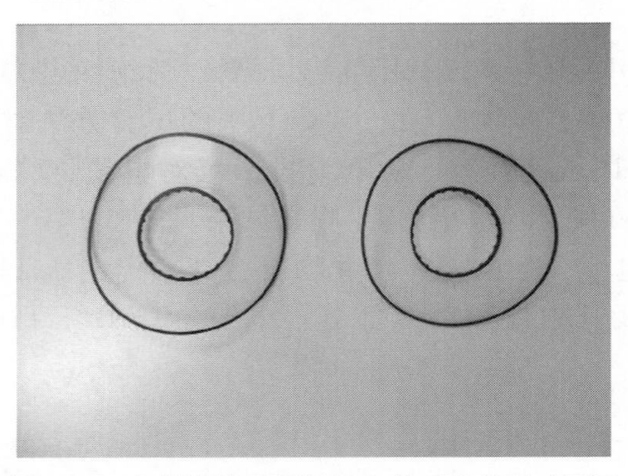

图 5-51 电缆绝缘屏蔽层以内截面样品尺寸测量

表 5-14 **电缆尺寸测量结果**

序号	项目	测量结果	要求
1	绝缘厚度	16.55mm	$\geqslant 0.9t_n = 14.85$mm
2	绝缘偏心度	1.9%	$\leqslant$10%
3	非金属护套厚度	5.2mm	$\geqslant 0.85t_n - 0.1 = 3.725$mm
4	金属套厚度	2.2mm	$\geqslant 0.85t_n - 0.1 = 1.6$

注 t_n 为标称厚度。

3. 金属护套材质分析

采用手持式 X 射线荧光光谱仪对电缆金属护套的材质进行分析。结果显示，该电缆样品的金属护套含铝元素 99.80%，符合 GB/T 11017.2 中“铝护套采用纯度不小于 99.50%的铝或铝合金制造”的要求，材质合格。

4. 拉伸试验

依据《电缆和光缆绝缘和护套材料通用试验方法　第 11 部分：通用试验方法　厚度和外形尺寸测量　机械性能试验》(GB/T 2951.11—2008) 对电缆样品绝缘层交联聚乙烯绝缘材料进行机械性能分析。机械性能分析分为老化前以及老化后两种。老化试验按照《电缆和光缆绝缘和护套材料通用试验方法　第 12 部分：通用试验方法　热老化试验方法》(GB/T 2951.12—2008) 的规定进行，老化条件依据 GB/T 11017.1 的规定为老化温度 135℃、老化时间 168h。电缆交联聚乙烯绝缘材料的机械性能试验结果见表 5-15。从表 5-15 中的数据可以看出，电缆交联聚乙烯绝缘材料老化前的机械性能符合要求，但老化后交联聚乙烯的抗张强度以及断裂伸长率的变化率大大超过 GB/T 11017.1 规定的±25%的要求，因此判断电缆交联聚乙烯绝缘材料的抗老化性能不合格。

表 5-15　　电缆交联聚乙烯绝缘材料机械性能试验结果

序号	项目	试验结果	变化率	要求
1	老化前抗张强度	25.14MPa	—	≥12.5MPa
2	老化前断裂伸长率	512.59%	—	≥200%
3	老化后抗张强度	14.12MPa	−43.83%	≤±25%
4	老化后断裂伸长率	356.89%	−30.38%	≤±25%

5. 热延伸及热收缩试验

依据《电缆和光缆绝缘和护套材料通用试验方法　第 21 部分：弹性体混合料专用试验方法　耐臭氧试验　热延伸试验　浸矿物油试验》(GB/T 2951.21—2008) 对电缆交联聚乙烯绝缘材料进行热延伸及热收缩试验。热延伸的试验条件为：空气烘箱温度 200℃，负荷时间 15min，机械应力 $20N/cm^2$。热收缩的试验条件为：试验温度 130℃，持续时间 6h。电缆交联聚乙烯绝缘材料的热延伸及热收缩试验结果见表 5-16。从表 5-16 试验结果看，电缆样品交联聚乙烯绝缘材料的热延伸级热收缩性能均合格。

表 5-16　　电缆交联聚乙烯绝缘材料热延伸及热收缩试验结果

序号	项目	试验结果 (%)	要求 (%)
1	热延伸负荷下最大伸长率	52.5	≤175
2	热延伸冷却后最大永久伸长率	−11.1	≤15
3	热收缩最大收缩率	2.5	≤4.5

6. 微观杂质试验

依据 GB/T 11017.1 对电缆样品交联聚乙烯绝缘材料进行微孔杂质试验，利用测量放大镜以及金相显微镜对 20 个连续试片进行观察以及测量，试验结果见表 5-17。电缆样品交联聚乙烯绝缘材料的微孔杂质数量符合标准要求。

表 5-17 电缆交联聚乙烯绝缘材料微孔杂质试验结果

序号	项目	试验结果	要求
1	大于 0.025mm 的微孔	5.1	≤30/16.4cm^3
2	大于 0.05mm 且小于 0.125mm 的不透明杂质	6.4	≤10/16.4cm^3
3	大于 0.25mm 的半透明（琥珀状）物质	0	0

5.1.6.3 故障原因

综合上述试验结果，可以看出送检电缆样品在已完成的试验项目中，绝缘厚度、绝缘偏心度、非金属护套厚度、金属套厚度、金属套材质、热延伸、热收缩、交联聚乙烯老化前机械性能、交联聚乙烯微孔杂质数量全部合格。但是交联聚乙烯老化后的机械性能，包括抗张强度以及断裂伸长率的变化程度均不符合相关标准要求。值得注意的是，机械性能这项测试在生产厂家出厂试验报告中未进行。

综合所有信息来看，送样的电缆样品交联聚乙烯材质抗老化性能不合格很有可能是电力电缆服役过程中发生击穿的重要原因之一。

5.2 橡胶类部件失效分析案例

5.2.1 接线盒密封圈失效

5.2.1.1 故障简述

变电检修中心检修人员在主变压器检修过程中，发现电流互感器 B 相二次接线盒进水现象，密封圈出现了老化失效，密封圈变形且表面存在开裂和压痕。失效的接线盒密封圈如图 5-52所示。

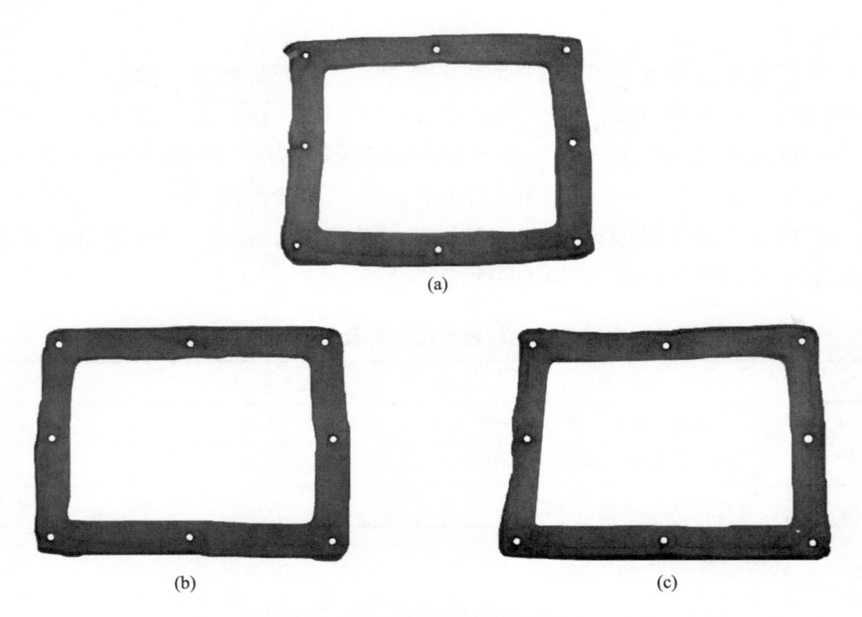

图 5-52 失效的接线盒密封圈

(a) 样品 Old-1；(b) 样品 Old-2；(c) 样品 Old-3

为分析橡胶密封圈的失效原因，需要对该密封圈的材质、性能进行分析。试验样品包括 3

个更换下来的旧样、1个新样品以及1个未发泡的样品。旧样品包括3个乳白色的样品（编号Old-1、Old-2及Old-3）。新样品是与3个旧样品相同的发泡样品（编号为New-1）。未发泡样品是与旧样品同一规格不同工艺的新样品（编号为New-2）。新样品与未发泡样品如图5-53所示。

图5-53　新样品与未发泡样品
(a) 样品New-1；(b) 样品New-2

5.2.1.2　测试与分析

1. 宏观检查

通过目视检查，可以发现，三个失效样品（Old-1、Old-2及Old-3）都出现受压变形，侧边已经变得很薄，并且样品表面都有相同的失效模式，开裂、压痕和螺纹孔撕扯的痕迹；新样品New-1的颜色是灰色，表面平整、侧边是网状结构；新样品New-2的颜色是暗红色，表面光滑、有光泽度，且侧边是实心结构。

通过钢直尺和游标卡尺对三个失效样品（Old-1、Old-2及Old-3）、新样品New-1和新样品New-2进行尺寸测量，新样品的外形尺寸如图5-54所示。密封圈样品的外形尺寸见表5-18。通过尺寸测量发现，失效样品（Old-1、Old-2及Old-3）和新样品New-1相比，尺寸存在着明显的差异：长度和宽度都具有变大的趋势，孔径和厚度都比新样品New-1偏小。新样品New-1和新样品New-2相比，长宽略微大一些，但其他基本尺寸大致一样。

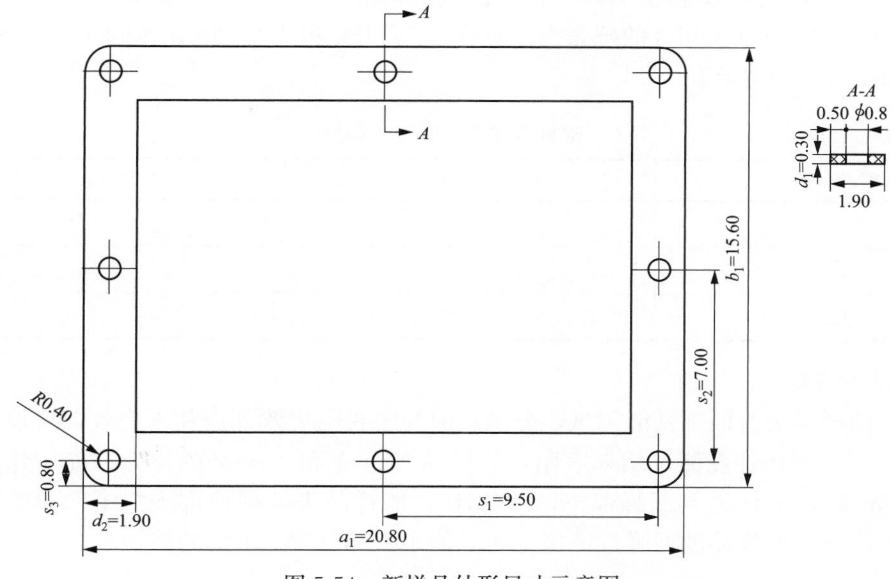

图5-54　新样品外形尺寸示意图

表 5-18 密封圈样品外形尺寸 cm

样品编号	长 a_1	宽 b_1	窄边宽度 d_2	圆孔直径 D	孔间距 s_1	孔间距 s_2	厚度 d_1
New-1	20.8	15.6	1.9	0.8	9.5	7.0	0.3
New-2	20.9↑	15.9↑	2.0↑	0.8	9.5	7.0	0.3
Old-1	21.4↑	16.8↑	2.2↑	0.6↓	9.7↑	7.2↑	0.1↓
Old-2	21.6↑	16.7↑	2.2↑	0.6↓	9.6↑	7.1↑	0.1↓
Old-3	21.1↑	16.4↑	2.2↑	0.6↓	9.6↑	7.2↑	0.1↓

2. 硬度试验

对密封圈样品进行硬度测试，测试结果见表 5-19。硬度测试结果表明，旧样品（Old-1、Old-2 及 Old-3）的硬度均明显大于新样品 New-1，说明密封圈在使用过程中已经出现了老化现象；新样品 New-2 的硬度最大，达到了 64，远远大于新样品 New-1。

表 5-19 密封圈样品硬度测试结果

样品编号	测点 1	测点 2	测点 3	测点 4	测点 5	平均值（HA）
New-1	6	6	6	6	5	6
New-2	65	64	64	62	66	64
Old-1	17	16	16	16	14	16
Old-2	15	16	14	16	15	15
Old-2	16	16	15	17	15	16

3. 拉伸试验

对部分密封圈样品进行拉伸测试，测试结果见表 5-20。拉伸性能测试结果表明，新样品（New-1 和 New-2）的断裂伸长率在 221%～262%，旧样品 Old-3 的断裂伸长率只有 175%，相差 46%～87%，说明旧样品的弹性性能差；新样品 New-2 的抗张强度最大，达到 6MPa，新样品 New-1 和旧样品 Old-3 的抗张强度只有 0.47MPa 和 0.87MPa，新样品 New-1 和旧样品 Old-3 的抗破坏能力差。

表 5-20 密封圈样品拉伸测试结果

样品编号	抗张强度（MPa）	断裂伸长率（%）
New-1	0.47	221
New-2	6	262
Old-3	0.85	175

4. 回弹性测试

对密封圈样品进行回弹性能测试，分别从旧的密封圈失效部位和未失效部位取样，测试结果见表 5-21。回弹性能测试结果表明，新样品 New-1 和 New-2 的回弹性能一致；旧样品（Old-1、Old-2 及 Old-3）与新样品 New-1 相比，旧样品失效部位都丧失了回弹的能力，相对未失效的部位，旧样品的回弹性能指标明显偏小，都出现了下降的趋势。

表 5-21　**密封圈样品回弹性测试结果**

样品编号	测试部位	测点 1	测点 2	测点 3	平均值（%）
New-1	—	26	26	26	26
New-2	—	15	16	16	16
Old-1	失效部位	0	0	0	0
	未失效部位	5.5	6	6	6
Old-2	失效部位	0	0	0	0
	未失效部位	6.5	6.5	6	6.5
Old-3	失效部位	0	0	0	0
	未失效部位	6	6	5.5	6

5. 红外光谱分析

对密封圈样品进行红外光谱分析，红外光谱图如图 5-55 所示。以新样品 New-1 为例进行红外谱图解析，在 2962.41/cm 处有 C—H 键伸缩振动峰，在 1257.90/cm 出现与 Si 直接相连接的 CH_3 基的对称变形振动峰，在 699.39/cm 处出现了 Si—O 弯曲振动峰，在 1007.17/cm 和 785.74/cm 出现很强的特征吸收峰，再根据谱库检索分析得知，所有密封圈的材质都是硅橡胶（SiR）。

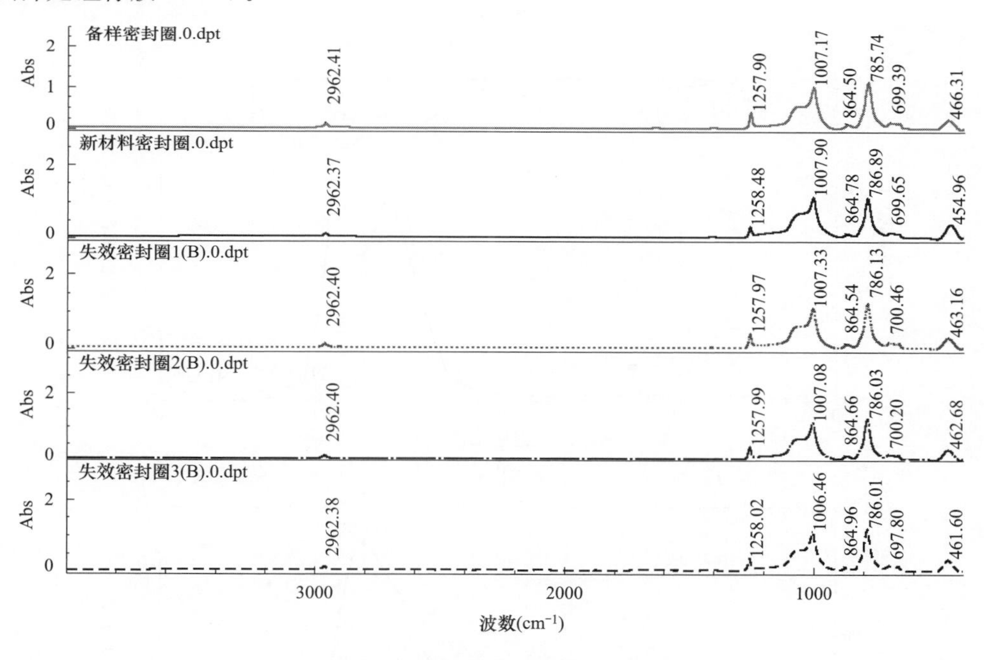

图 5-55　密封圈样品红外光谱图

6. 热重分析

对密封圈进行热重分析，结果见表 5-22 和图 5-56。热重分析结果表明，新样品 New-1 的起始温度比旧样品（Old-1、Old-2 及 Old-3）的起始温度高，达到 193.78℃。旧样品 Old-1 终止温度相对新样品 New-1 降低了很多，旧样品 Old-2 和 Old-3 的终止温度与新样品 New-1 相差不大。但旧样品（Old-1、Old-2 及 Old-3）的最大分解温度和失重量都出现了下降的趋势，说明旧样品（Old-1、Old-2 及 Old-3）都出现了老化的趋势。由于工艺的不同，新样品 New-2 整体失重的温度变化和失重量与新样品 New-1 没有固定的变化规律。

表 5-22 密封圈热重分析数据

样品编号	起始温度（℃）	终止温度（℃）	最大分解温度（℃）	失重量（%）
New-1	193.78	682.74	601.63	76.99
New-2	98.89	694.22	581.84	57.54
Old-1	182.4	668.97	556.48	72.37
Old-2	188.13	687.33	585.58	70.76
Old-3	157.81	684.27	576.38	71.52

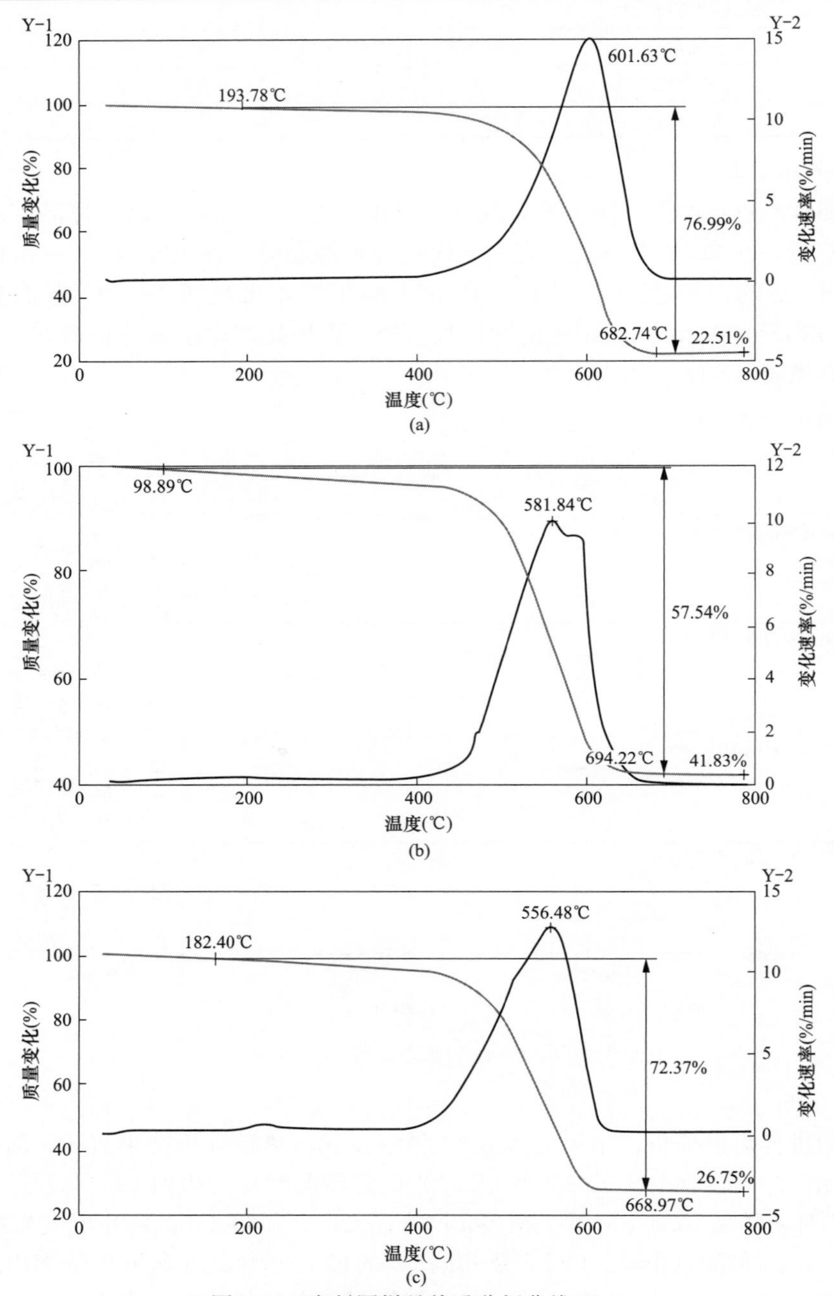

图 5-56 密封圈样品热重分析曲线（一）

（a）样品 New-1；（b）样品 New-2

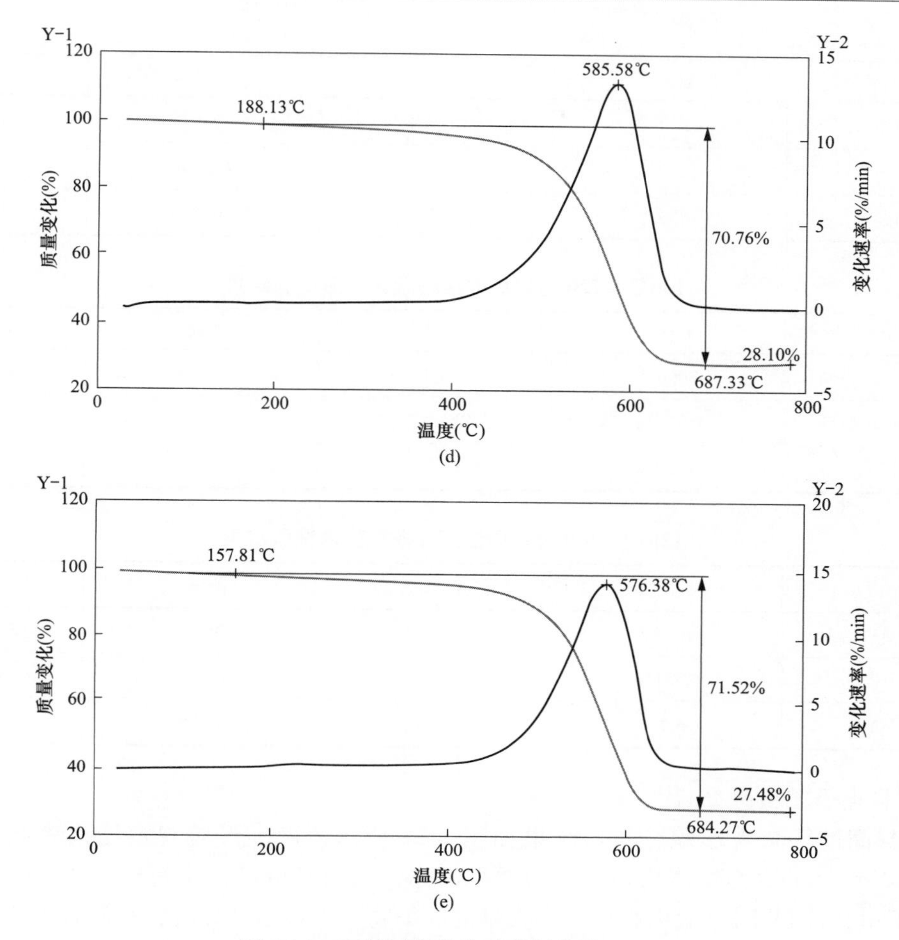

图 5-56　密封圈样品热重分析曲线（二）

(c) 样品 Old-1；(d) 样品 Old-2；(e) 样品 Old-3

7. 压缩永久变形试验

对密封圈进行压缩永久变形分析，将旧样品和新样品都放置在 85、100、120℃老化，测试结果见表 5-23～表 5-25。压缩永久变形性能测试结果表明，在 85℃老化 24h 下，相比新样品 New-2 和旧样品（Old-1、Old-2 及 Old-3），新样品 New-1 压缩永久变形量最小，说明低温状态下，新样品 New-1 能充分恢复，但是随着温度的升高，新样品 New-1 和旧样品 Old-3 的压缩永久变形的变化量开始变大，甚至旧样品 Old-3 在 120℃老化 24h 永久变形量为 100%，说明旧样品在高温下受压后易变形，并且难以恢复；随着温度和时间的增加，新样品 New-2 比新样品 New-1、旧样品（Old-1、Old-2 及 Old-3）的变化量小，说明新样品 New-2 的恢复能力相对稳定。

表 5-23　85℃×24h 老化后的压缩永久变形试验结果

样品编号	测试 1	测试 2	测试 3	平均值
New-1	1.2%	1.0%	1.1%	1.1%
New-2	18.4%	19.3%	20.2%	19.3%

续表

样品编号	测试 1	测试 2	测试 3	平均值
Old-1	49.0%	57.4%	54.8%	53.7%
Old-2	44.0%	46.0%	44.2%	44.7%
Old-3	48.9%	44.8%	46.2%	46.6%

表 5-24　100℃×72h 老化后的压缩永久变形试验结果

样品编号	测试 1	测试 2	测试 3	平均值
New-1	86.6%	86.3%	86.9%	86.6%
New-2	25.7%	25.9%	24.3%	25%
Old-3	93.1%	94.5%	95.2%	94.3%

表 5-25　120℃×24h 老化后的压缩永久变形试验结果

样品编号	测试 1	测试 2	测试 3	平均值
New-1	90.5%	90.6%	88.3%	89.8%
New-2	45.1%	45.7%	43.1%	44.6%
Old-3	100%	100%	100%	100.0%

8. 扫描电子显微镜分析

对密封圈进行微观形貌分析，结果如图 5-57 所示。微区形貌观察结果表明，新样品 New-1 和 New-2 的表面整体均匀，空洞大小匀称，表面光滑；相比新样品 New-1，旧样品（Old-1、Old-2 及 Old-3）表面粗糙，有大量的污染物，出现多处裂纹、孔洞且大小不一、参差不齐。

9. 吸水性试验

对密封圈进行吸水性测试，结果见表 5-26。吸水性试验结果表明，在相同的温度条件下，新样品（New-1 和 New-2）的吸水率比旧样品（Old-1、Old-2 及 Old-3）明显低很多，

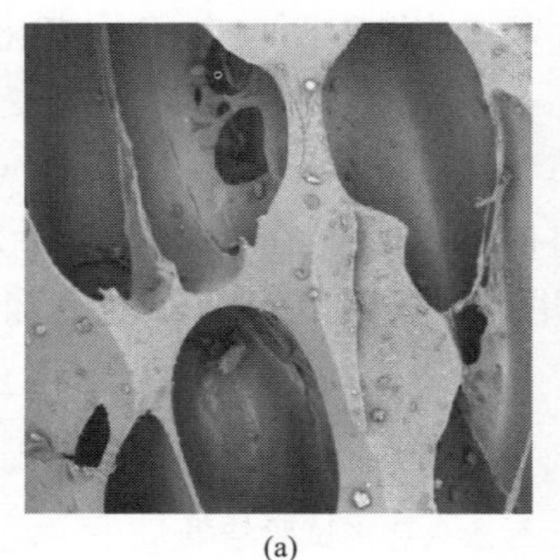

(a)

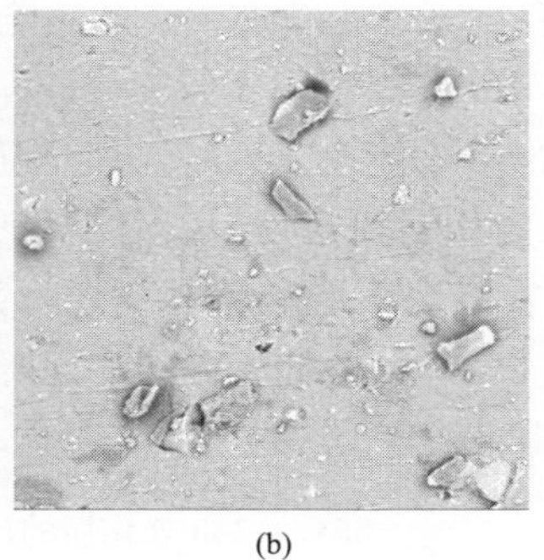

(b)

图 5-57　密封圈样品 SEM 形貌（一）

(a) 样品 New-1；(b) 样品 New-2

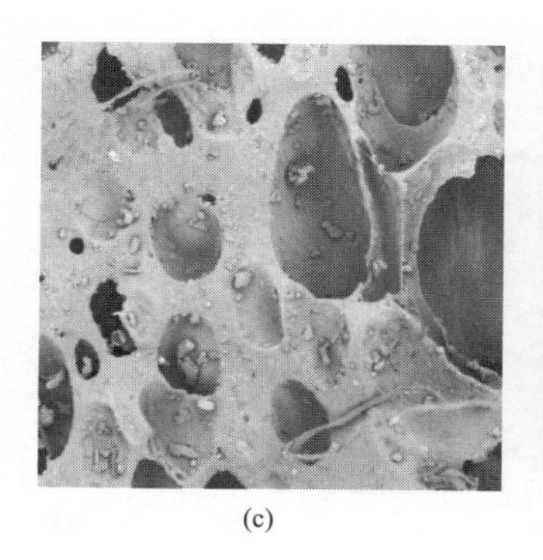
(c)

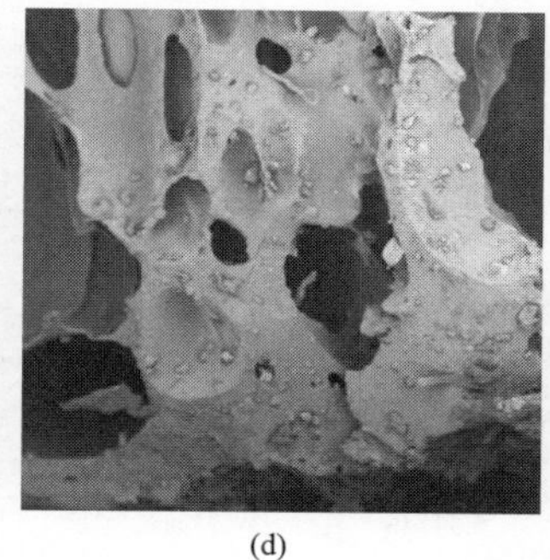
(d)

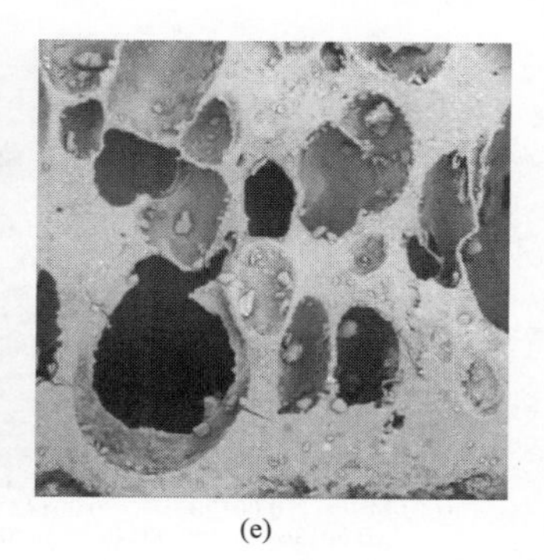
(e)

图 5-57　密封圈样品 SEM 形貌（二）
（c）样品 Old-1；（d）样品 Old-2；（e）样品 Old-3

表 5-26　**密封圈样品吸水性测试结果**

样品编号	试验前 m（g）	试样后 m（g）	吸水率（%）
New-1	0.38651	0.3902	0.9
New-2	0.97538	0.9783	0.3
Old-1	0.48334	0.4988	3.2
Old-2	0.39552	0.4092	3.5
Old-3	0.45261	0.4649	2.7

旧样品 Old-2 吸水率最大达到了 3.2%，比新样品 New-1 多出了 2.6 百分点，旧样品都出现了严重的亲水现象。

10. 寿命评估

根据密封圈样品在不同升温速率下热失重试验结果（见表 5-27），按照《采用热重分析法的分解动力学用标准试验方法》（ASTM E1641—2007）中提出的公式（5-3），通过在不同升温速率下的失重 5%时的温度，由 $\lg\beta$ 对 $1/T$ 作图，由拟合曲线的斜率求得反应活化能 E。

表 5-27　**密封圈样品在不同升温速率下热失重试验结果**　℃

样品编号	4℃/min	6℃/min	8℃/min	10℃/min
New-1	407.69	427.33	457.75	468.13
New-2	406.55	440.88	452.29	467.59

$$E=-R/b\times[\Delta(\lg\beta)/\Delta(1/T)] \tag{5-3}$$

式中　E——活化能，J/mol；

R——气体常数，R=8.314J/（mol·K）；

b——常数，b=0.457；

β——升温速率，K/min。

分别对新样品 New-1 和新样品 New-2 的测试数据作图并拟合，如图 5-58 和图 5-59 所示。由曲线斜率可得活化能，新样品（New-1 和 New-2）的活化能和拟合系数见表 5-28。

热寿命方程的建立参照《采用热重分解数据计算材料耐热性的标准实施规程》（ASTM E1877—2000），其给定的热寿命方程为：

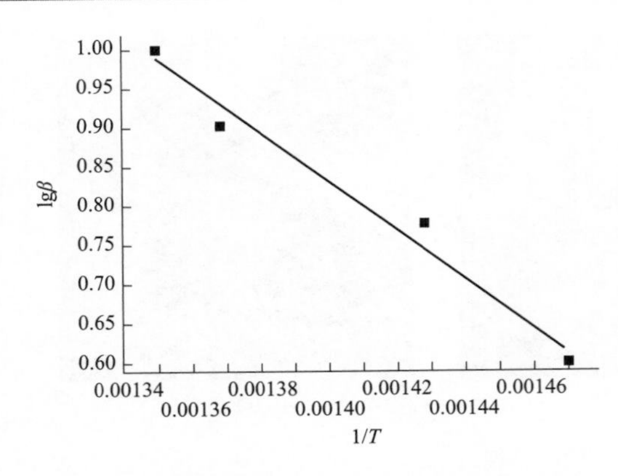

图 5-58 新样品 New-1 lgβ—1/T 拟合曲线

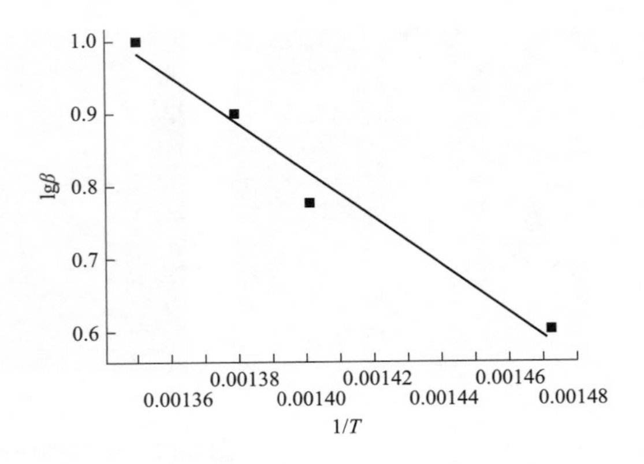

图 5-59 新样品 New-2 lgβ—1/T 拟合曲线

表 5-28 新样品（New-1 和 New-2）活化能和拟合系数

样品编号	E（kJ/mol）	拟合系数
New-1	56.17	0.9637
New-2	59.58	0.9615

$$\lg t_f = E/(2.303RT_f) + \lg[E/(R\beta)] - a \tag{5-4}$$

式中 t_f——失重 5%的预估寿命，min；

E——反应活化能，J/mol；

R——气体常数，R=8.314J/（mol·K）；

T_f——失重 5%的失效温度，K；

β——升温速率，℃/min；

a——积分常数（a 值可由 ASTM E1641 中表 1 查得）。

通过热重分析获得了新样品（New-1 和 New-2）材料的活化能，并由 E/RT 查到对应的 a 值，代入式（5-4）中，即可得到热寿命方程，求解过程如下。

新样品 New-1 在 4℃/min 的升温速率下，5%失重率对应的温度 T=680.69K，E=56.17kJ/mol，则 E/RT=9.92，查得 a 为 6.4157，代入式（5-4）即得新样品 New-1 的热寿命方程：

$$\lg t_f = 2933.54/T_f - 3.19 \tag{5-5}$$

新样品 New-2 的热寿命方程与新样品 New-1 的相同。

以失重 5%为寿命终止指标，通过建立的热寿命方程，可计算得出新样品 New-1 和新样品 New-2 在不同温度下的预测寿命，结果见表 5-29。

表 5-29 New-1 和 New-2 样品在不同温度下的预测寿命

T_f（K）	New-1 预测寿命（年）	New-2 预测寿命（年）
298	8.62	11.13
313	2.91	3.52
333	0.80	0.89

11. 综合分析

（1）外观检查和尺寸测量结果表明，旧样品（Old-1、Old-2 及 Old-3）经过使用后，表面粗糙，截面吸附了很多的污染物，说明旧样品使用的环境条件比较恶劣，发泡多孔也导致更容易吸附灰尘和大量的污染物；并且发泡的网状结构大小不一，表明其发泡工艺较差。

（2）旧样品经过使用后失效部位已失去弹性，失效部位厚度小于1mm，且样品表面出现过二次压痕，说明样品密封圈经历过二次安装，安装时尺寸不匹配，导致螺栓孔拉扯；并且由于接线盒的结构原因，以及发泡密封圈强度较低，导致安装时密封圈压缩变形量很大。

（3）硬度及拉伸测试结果表明，新样品New-1的硬度值为6HA，旧样品（Old-1、Old-2及Old-3）的硬度值比新样品高出10HA左右；同时，旧样品Old-3比新样品New-1断裂伸长率降低，说明旧样品在使用过程中已经变硬、变脆，有明显的老化趋势；而新样品New-2不属于发泡结构，其硬度值相对较高。

（4）回弹性测试结果表明，新样品New-1和新样品New-2的回弹性能一样，都为9%；但是旧样品（Old-1、Old-2及Old-3）都出现了下降的趋势，甚至出现受力挤压面的回弹性能为0，完全丧失了回弹性能，从而导致密封失效。

（5）红外光谱分析结果表明，新样品New-1、新样品New-2以及3个失效的旧样品（Old-1、Old-2及Old-3）属于同一材质，都是硅橡胶（SiR）。

（6）热重分析结果表明，新样品New-1的起始温度、最大分解温度都比旧样品（Old-1、Old-2及Old-3）高，说明新样品的热稳定性能比旧样品好；旧样品在的使用过程中内部分子链结构发生了变化以及部分物质的挥发，导致热稳定性能下降。

（7）压缩永久变形分析结果表明，随着温度和时间的增加，新样品New-1比同为发泡工艺的旧样品（Old-1、Old-2及Old-3）变化量小，恢复能力相对较好。但是随着温度的升高，新样品New-1的变化量比新样品New-2更大，在120℃、24h变形量达到了90%以上，几乎失去了恢复能力；说明发泡材料的硅橡胶老化，在长期使用过程中，硅橡胶和助剂或空气中的氧等发生了化学反应，分子链的承压能力遭到了破坏，导致变形量过大，丧失恢复的能力。

（8）微观形貌分析结果表明，旧样品（Old-1、Old-2及Old-3）表面粗糙，有大量的片状堆积物，出现多处裂纹，并且孔洞大小不一，参差不齐，说明旧样品的发泡工艺不优良，孔密度不均匀，导致受力和承载能力不均匀；旧样品材料组分间均匀性下降，导致样品表面出现了较多成片堆积物质，表面不再平滑，降低了材料力学性能的稳定性，出现严重的老化现象。

（9）吸水性试验结果表明，旧样品（Old-1、Old-2及Old-3）的吸水性能明显高于新样品（New-1和New-2），最高达到了3.2%；说明旧样品材料有明显的老化趋势，抗水性能在下降，长期使用过程中，在阳光、潮湿、淋雨和大气暴露的交替作用下，会加速材料的破坏，同时也加速了材料的老化。

（10）通过热重分析建立热分解寿命评估模型，说明随着温度的升高，发泡样品（New-1）和不发泡样品（New-2）的密封圈储存寿命都会有下降的趋势；在25℃条件下储藏，发泡样品（New-1）的使用寿命比不发泡样品（New-2）短，少2.51年。

5.2.1.3 故障原因

综上所述，密封圈在服役的过程中存在安装尺寸不匹配、螺纹孔受力不均、受到过度挤压压缩变形量大等现象，随着旧样品抗张强度的下降，伴随着抗破坏能力变差，最终导致密封圈失去弹性、密封失效。

5.2.2 换流站极Ⅰ高 YYC 相胶囊破损

5.2.2.1 故障简述

某换流站极Ⅰ高 YYC 相胶囊发生破损，现场通过向更换下的胶囊内注水加压，发现胶囊两端、侧面、法兰处共存在 7 处漏点。胶囊漏点检查现场如图 5-60 所示。

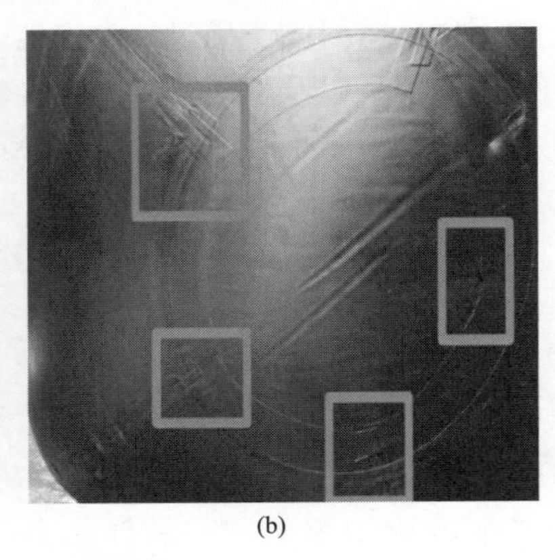

(a) (b)

图 5-60 胶囊漏点检查现场

(a) 检查现场；(b) 胶囊漏点

胶囊的主要作用是防止变压器油与空气接触而受潮变质，减缓变压器油的氧化及劣化速度。正常工况运行时，胶囊浮在变压器本体储油柜油面的上方。当变压器油温升高时，油的体积增大挤压胶囊，胶囊被压缩变形，胶囊内的空气经吸湿器排到大气中；当变压器油温下降时，油的体积减小，此时胶囊内呈现负压，空气经吸湿器吸入胶囊中，胶囊膨胀变大。

5.2.2.2 测试与分析

1. 宏观检查

对胶囊破损的 7 处漏点进行宏观检查，其宏观形貌如图 5-61 所示。通过宏观检查，发现样品表面无明显杂质。样品单层结构为橡胶+编织，单层厚度最厚为 0.64m、最薄为 0.58mm、

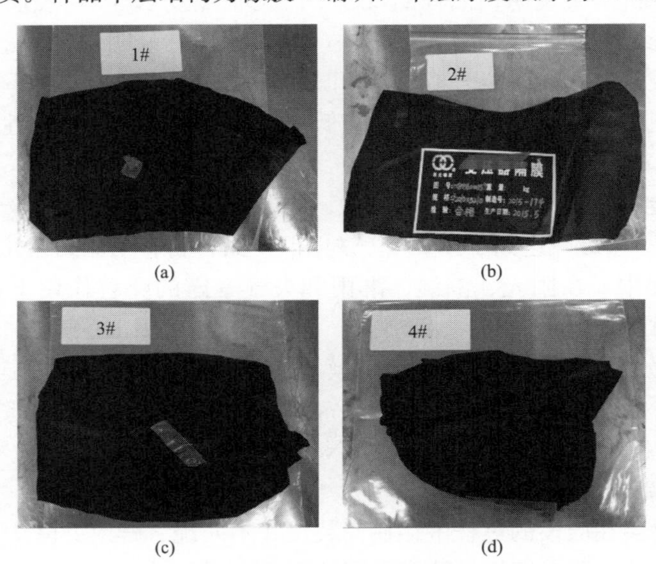

(a) (b) (c) (d)

图 5-61 胶囊漏点宏观形貌（一）

(a) 1 号样品；(b) 2 号样品；(c) 3 号样品；(d) 4 号样品

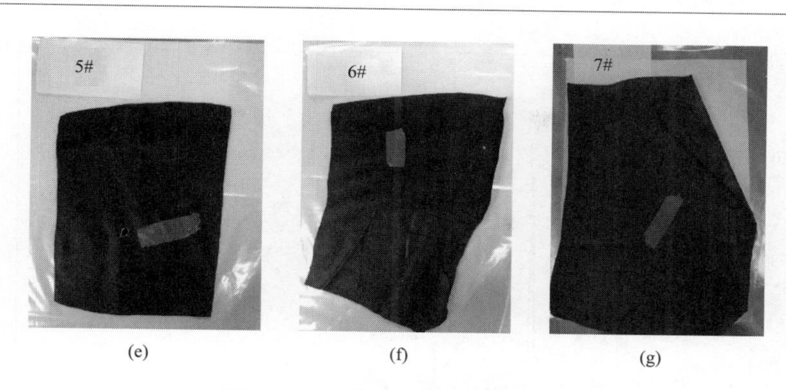

图 5-61　胶囊漏点宏观形貌（二）
(e) 5 号样品；(f) 6 号样品；(g) 7 号样品

平均为 0.63mm；多层厚度平均为 1.65mm，粘接处平均厚度为 3.02mm。胶囊的漏点位置均为橡胶的连接或折痕处，漏点尺寸均为 1mm 左右。

2. 红外光谱分析

选择 6 号样品进行红外光谱分析，对胶囊漏点附近区域以及未破损区域样品成分进行对比，胶囊样品的红外光谱图如图 5-62 所示。对比两个区域样品成分的红外光谱，其波形位置基本重叠，说明漏点及附近区域的样品成分与正常区域的样品成分基本一致，无外来引入的其他成分。

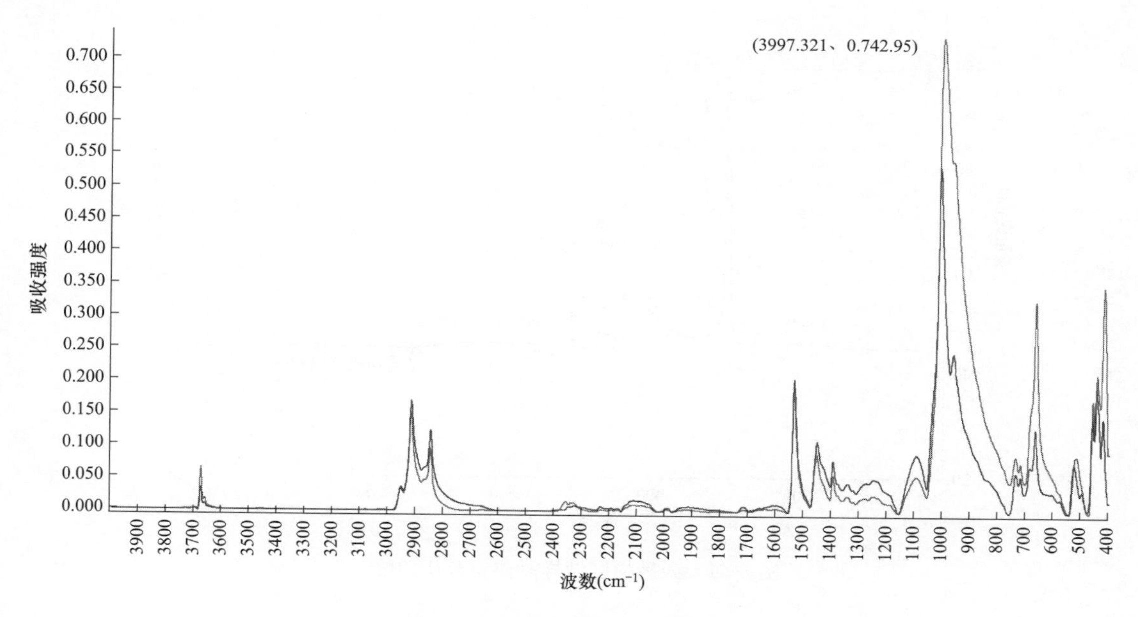

图 5-62　胶囊样品红外光谱图

3. 热重分析

选择 7 号样品进行热重分析，对胶囊漏点附近区域以及未破损区域样品成分进行对比，热重分析曲线分别如图 5-63 和图 5-64 所示。对比上述两图，第一阶段起始分解温度分别为 299℃和 296℃，各阶段质量损失基本一致，残留物含量分别为 37.45%和 37.77%，两处样品的热重分析数据结果均在误差范围内，说明两处样品材质一致，没有引入其他成分。

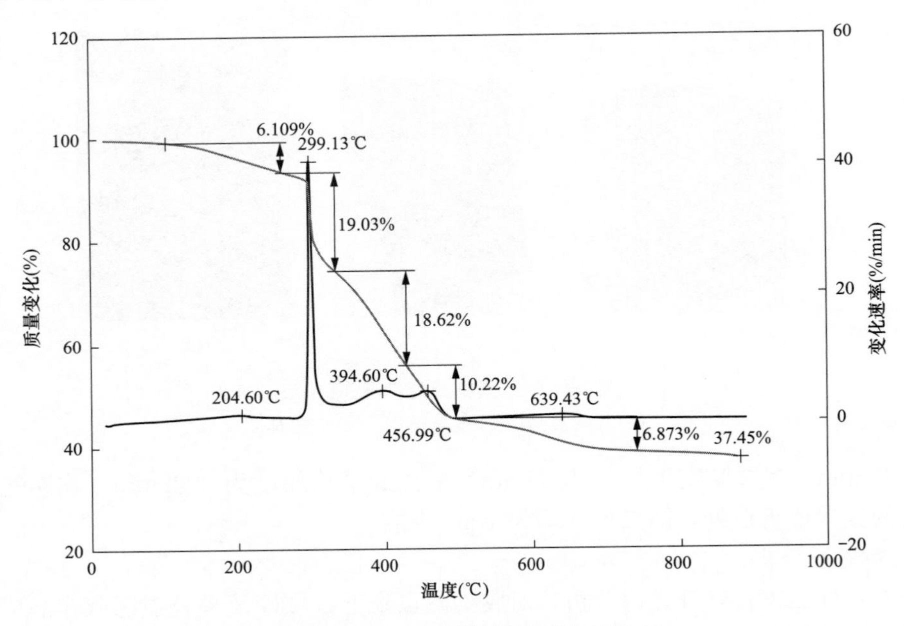

图 5-63　漏点附近区域样品热重分析曲线

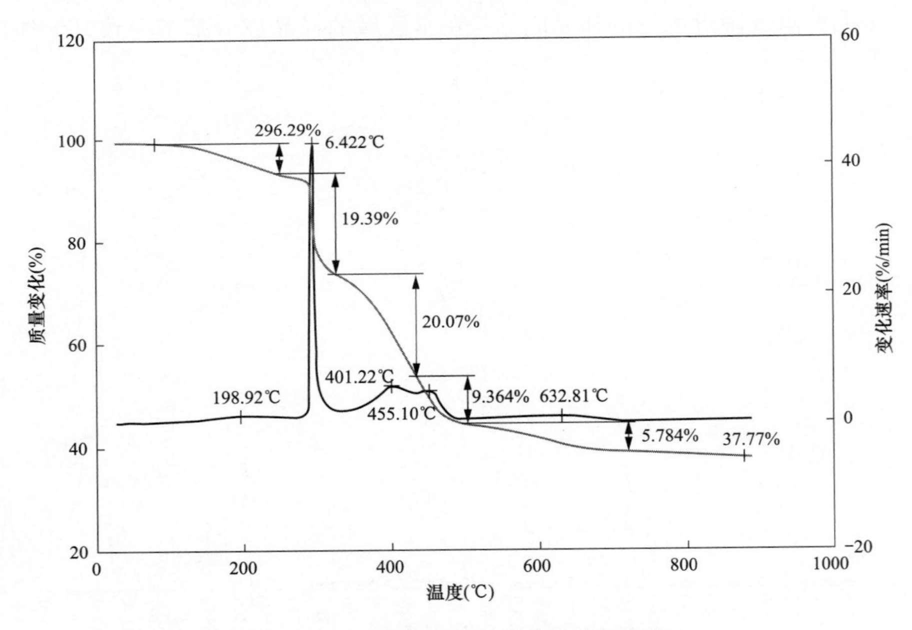

图 5-64　未破损区域样品热重分析曲线

4. 耐屈挠疲劳试验

选择 3、6、7 号样品，分别裁切 3、6 号样品的橡胶贴合处和 7 号样品单层橡胶区域进行耐屈挠疲劳测试。经过 1000 次耐屈挠疲劳试验，试验结果如图 5-65 所示，外观无异常。

5. 低温硬度试验

选择 4 号样品，在−10℃下冷却 20h，然后测试邵氏 A 和邵氏 D 硬度和室温下硬度对比，低温与室温下橡胶硬度对比结果见表 5-30。从表 5-30 可以看出，低温处理后橡胶的硬度与室温下大致相同。

6. 扫描电子显微镜分析

选择1号漏点位置进行纵向截面微观形貌分析，对1号漏点位置进行微观形貌分析，截面SEM形貌如图5-66所示，发现两层橡胶皮叠合处存在有气泡，在实际工作中成为潜在的漏点。

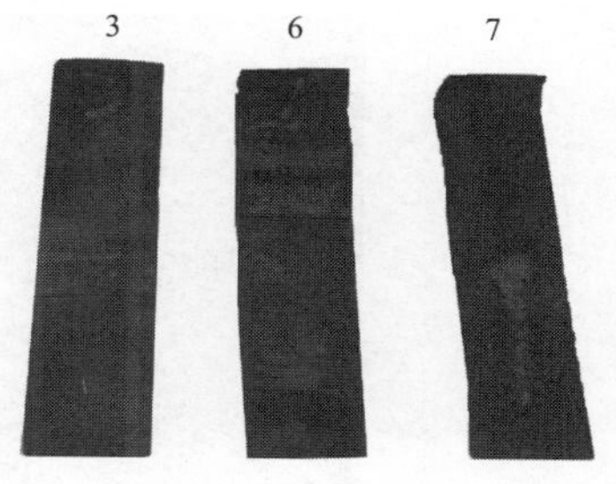

图5-65　耐屈挠疲劳试验结果

选择4号漏点位置进行正面微观形貌分析，截面SEM形貌如图5-67所示，发现漏点位置为气泡破裂导致，样品中存在气泡，导致样品存在缺陷，气泡壁较薄，在实际工作中气泡发生破裂，形成漏点。

表5-30　低温与室温下橡胶硬度对比结果

项目	邵A硬度（HA）	邵D硬度（HD）
低温	57	21.2
室温	51	18.8

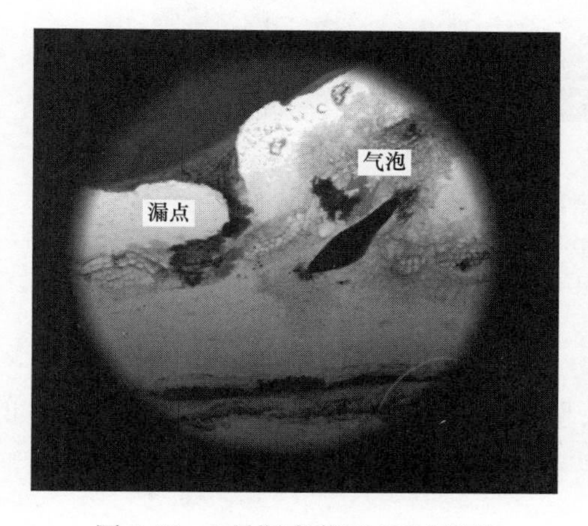

图5-66　1号漏点截面SEM形貌

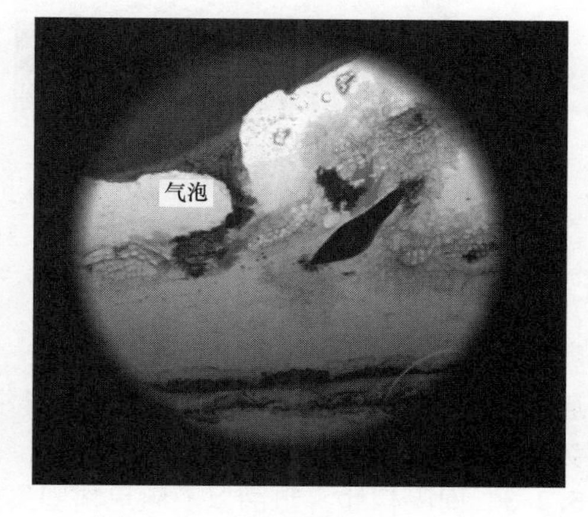

图5-67　4号漏点截面SEM形貌

为了更好地进行微观形貌对比，选择3号样品针对橡胶贴合部位选取两个位置，分别进行光学放大和电子显微镜放大来观察样品微观形貌，其SEM形貌如图5-68所示。由图5-68可见，除了橡胶贴合处多层区域存在大的气泡，橡胶层本身也存在小的气泡。

7. 综合分析

根据上述测试结果综合分析，得出如下结论：

（1）基本排除胶囊正常工作中屈挠疲劳导致的应力开裂；

（2）基本排除橡胶贴合处压板异物导致外观缺陷；

（3）橡胶材料本身内部产生气泡，可能是混炼不均匀导致；

（4）橡胶胶囊组装粘合过程中引入气泡，从而导致存在缺陷，在实际工作中气泡位置破裂形成漏点。

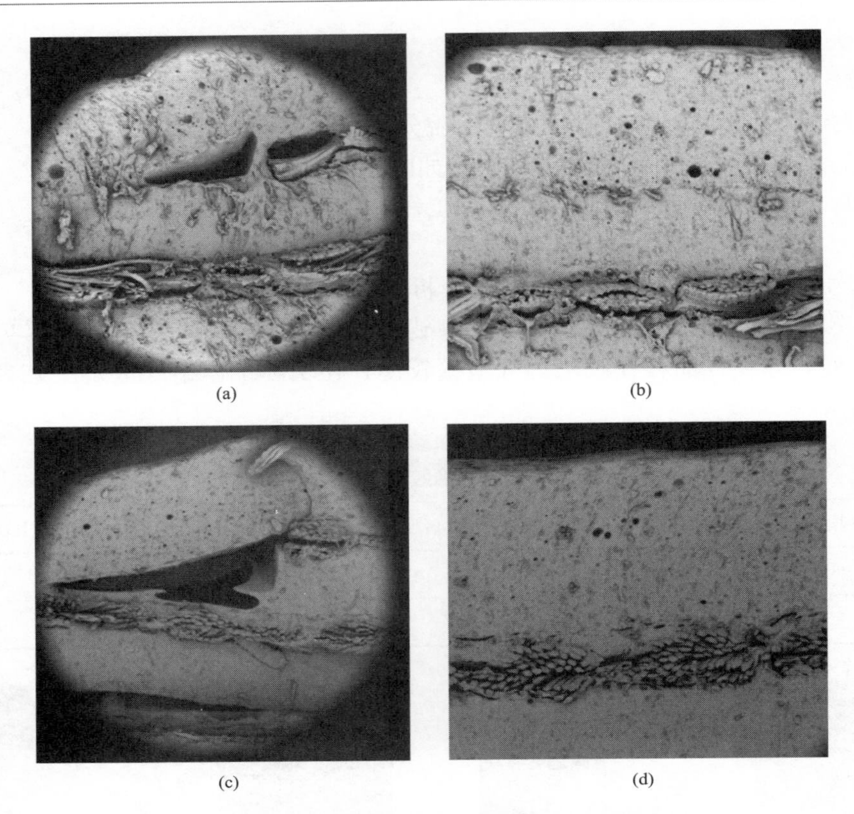

图 5-68 3 号漏点贴合部位 SEM 形貌
(a) 3 号漏点截面 SEM 形貌 1；(b) 3 号漏点表面 SEM 形貌 1；
(c) 3 号漏点截面 SEM 形貌 2；(d) 3 号漏点表面 SEM 形貌 2

5.2.2.3 故障原因

胶囊破损的原因为材料内部、橡胶胶囊组装粘合处的气泡，在长期（如 2～3 年）的伸缩疲劳工作中裂纹蔓延，最终形成破损。

5.2.3 间隔棒线夹垫圈以及阻尼垫圈失效

5.2.3.1 故障简述

某线路部分间隔棒的线夹垫圈以及阻尼垫圈发生开裂，导致导线从间隔棒中脱出。线夹垫圈以及阻尼垫圈疑似性能不合格，因此将同一批次的间隔棒线夹垫圈以及阻尼垫圈样品进行测试以分析故障的原因。

5.2.3.2 测试与分析

1. 宏观检查

首先对送样的 3 个线夹垫圈样品以及 3 个阻尼垫圈样品进行宏观检查，其宏观形貌分别如图 5-69 和图 5-70 所示。从宏观上看，线夹垫圈为船型，两侧厚度较大而中间厚度较小，呈黑色，外形尺寸约为 75mm×34mm×29mm；外侧为光滑表面，内侧有波纹状花纹以提高摩擦力。阻尼垫圈为圆柱形，中间厚度略大于四周，表面光滑，同样呈黑色，外形尺寸约为 22mm×20mm（直径×厚度）。从外表来看，线夹垫圈和阻尼垫圈样品均未出现明显的开裂、破损、压痕、表面粉化、部分结块等现象。

图 5-69　线夹垫圈宏观形貌
（a）正面；（b）反面

图 5-70　阻尼垫圈宏观形貌
（a）正面；（b）反面

2. 硬度试验

依据 GB/T 531.1 对线夹垫圈以及阻尼垫圈进行硬度性能分析，其硬度值分别见表 5-31 和表 5-32。按照《间隔棒技术条件和试验方法》（DL/T 1098—2016），第 7.9 条的规定，合成橡胶的硬度值要求为 67～73。相比较来看，线夹垫圈和阻尼垫圈样品的硬度值大多略低于 67 的下限，硬度值不合格。

表 5-31　线夹垫圈的硬度值（邵尔 A）

样品	测试点 1	测试点 2	测试点 3	测试点 4	测试点 5	平均值
样品 1	65	65	65	66	65	65
样品 2	66	67	64	66	66	66
样品 3	64	66	66	66	64	65

表 5-32　阻尼垫圈的硬度值（邵尔 A）

样品	测试点 1	测试点 2	测试点 3	测试点 4	测试点 5	平均值
样品 1	65	66	64	66	65	65
样品 2	67	66	70	69	66	68
样品 3	65	65	65	65	66	65

3. 回弹性试验

依据《硫化橡胶回弹性的测定》（GB/T 1681—2009）对线夹垫圈和阻尼垫圈进行回弹性能测试，其测试结果分别见表 5-33 和表 5-34。按照 DL/T 1098 第 7.9 条的规定，合成橡胶的回弹性要求为 58%～82%。样品的回弹性基本一致，处于 20%～26%的区间内，大大低于上述标准要求的性能区间，回弹性不合格。

表 5-33　线夹垫圈的回弹性能测试结果　%

样品	测试点 1	测试点 2	测试点 3	平均值
样品 1	26	26	27	26

% 续表

样品	测试点 1	测试点 2	测试点 3	平均值
样品 2	21	21	20	21
样品 3	19	20	20	20

表 5-34 阻尼垫圈的回弹性能测试结果 %

样品	测试点 1	测试点 2	测试点 3	平均值
样品 1	19	20	20	20
样品 2	18	19	19	19
样品 3	18	20	20	19

4. 红外光谱分析

依据《橡胶鉴定红外光谱法》（GB/T 7764—2001）对线夹垫圈和阻尼垫圈的橡胶材料进行定性分析，确定胶种，其红外光谱图分别如图 5-71 和图 5-72 所示。从分析结果来看，3 个线夹垫圈样品和 3 个阻尼垫圈样品的特征谱峰完全一致，证明线夹垫圈和阻尼垫圈的制备原料完全相同，未出现制备原料和添加辅料错用、漏用以及加工工艺失当的现象。

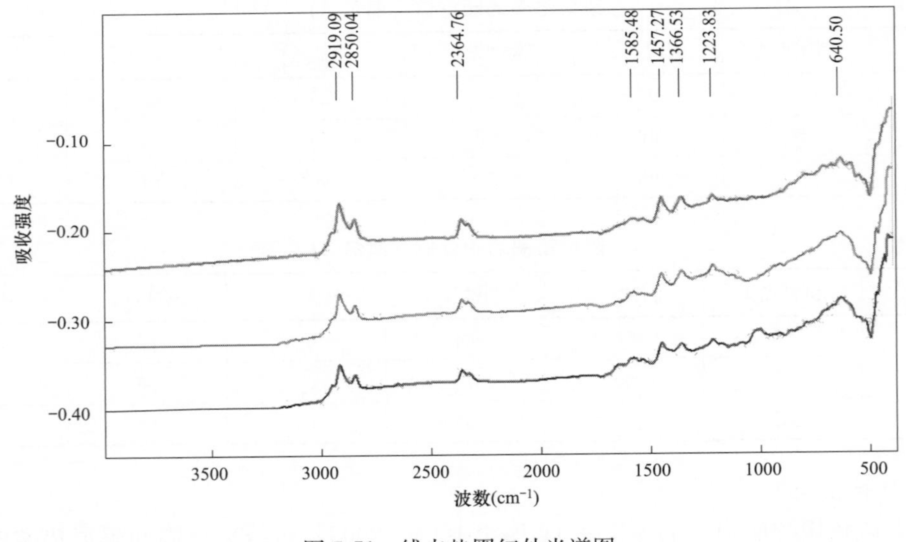

图 5-71 线夹垫圈红外光谱图

5. 拉伸试验

依据《硫化橡胶或热塑性橡胶 拉伸应力应变性能的测定》（GB/T 528—2009）的要求对线夹垫圈的橡胶材料进行加工，制备成哑铃状试样，如图 5-73 所示。由于阻尼垫圈的尺寸太小，无法制备成符合标准要求的拉伸试样，因此未对阻尼垫圈进行拉伸试验。线夹垫圈的拉伸试验结果见表 5-35。按照 DL/T 1098 第 7.9 条的规定，合成橡胶的 300%定伸应力不小于 9.8MPa，拉伸强度不小于 16.1MPa，拉断伸长率不小于 350%。从结果来看，线夹垫圈的拉伸强度以及拉断伸长率显然低于标准要求，强度不合格。

表 5-35 线夹垫圈拉伸试验结果

试验项	样品1	样品2	平均值	技术要求
300%定伸应力（MPa）	14.1	14.0	14.05	≥9.8
拉伸强度（MPa）	14.1	14.3	14.2	≥16.1
拉断伸长率（%）	301	307	304	≥350

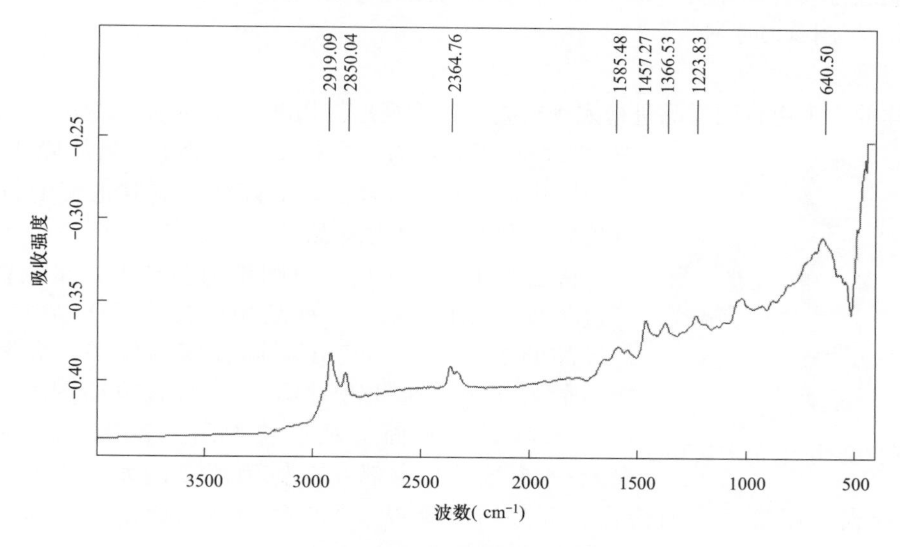

图 5-72 阻尼垫圈红外光谱图

6. 压缩永久变形试验

依据 GB/T 7759.1 对阻尼垫圈开展了压缩永久变形试验，试验条件为 23℃温度下老化 24h。从结果来看，3 个样品的平均试验结果为 27.2%，远远高于 DL/T 1098 中合成橡胶压缩永久变形不大于 10%的要求，压缩永久变形不合格。

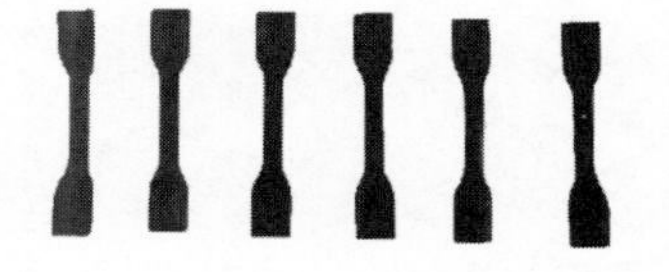

图 5-73 哑铃状试样

7. 综合分析

综合上述试验结果，可以看出此次送样的 3 个线夹垫圈样品以及 3 个阻尼垫圈样品的材质一致，表面未发现开裂、破损、压痕、表面粉化、部分结块等现象，外观良好，橡胶老化不明显。

按照 DL/T 1098 对上述样品的硬度、回弹性以及拉伸性能进行测试，发现线夹垫圈的硬度、回弹性、拉伸强度和拉断伸长率均不合格，阻尼垫圈的硬度、回弹性和压缩永久变形均不合格。

5.2.3.3 故障原因

间隔棒线夹垫圈以及阻尼垫圈的硬度、回弹性、拉伸强度、拉断伸长率及压缩永久变形不合格是导致其开裂的主要原因，进而造成导线从间隔棒中脱出。

5.2.4 变压器密封圈失效

5.2.4.1 故障简述

某厂家生产的配电变压器在运行5年后陆续发生故障。对故障变压器解体检查，发现故障变压器有以下共同点：

(1) 故障变压器油箱底部均有水迹。

(2) 油色谱分析表明绝缘油中氢气含量较高。因此，推断故障发生的原因为变压器O相低压套管密封胶垫的密封性能不良，导致变压器运行中进水受潮。为进一步对变压器密封圈的材料性能进行分析，并明确故障原因，对密封圈进行测试。

5.2.4.2 测试与分析

1. 宏观检查

对送样的5个密封圈样品进行宏观检查，其宏观形貌如图5-74所示。其中，全新的密封圈1只，将其命名为1号样品。故障变压器故障相密封圈1只，将其命名为5号样品。故障变压器其他相密封圈3只，将其命名为2、3、4号样品。

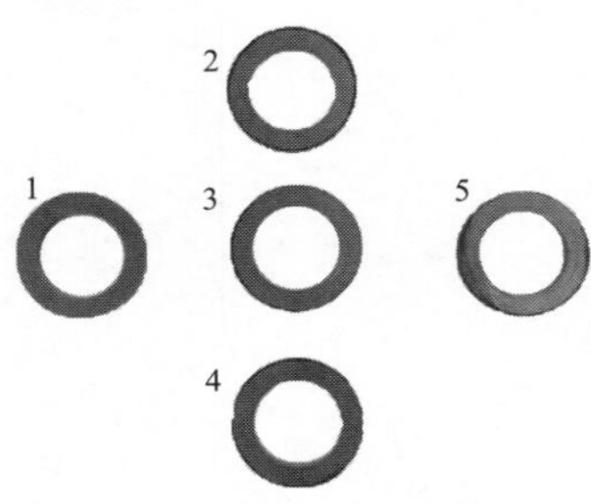

图5-74 送样密封圈样品宏观形貌

从宏观上看，5只密封圈都为圆环形，呈灰蓝色，但经过长期使用的2～5号样品颜色较1号样品略深。2～5号样品的边缘区域均存在不同程度的发黑，尤其以5号样品最为明显，5号密封圈的宏观形貌如图5-75所示。1～5号样品的侧面宏观形貌如图5-76所示。从侧面观察，2～5号样品也都存在较为严重的发黑，并且已经出现开裂、破损、压痕、表面粉化、部分结块等现象。5号样品侧面的2条裂纹长度大约为1mm。

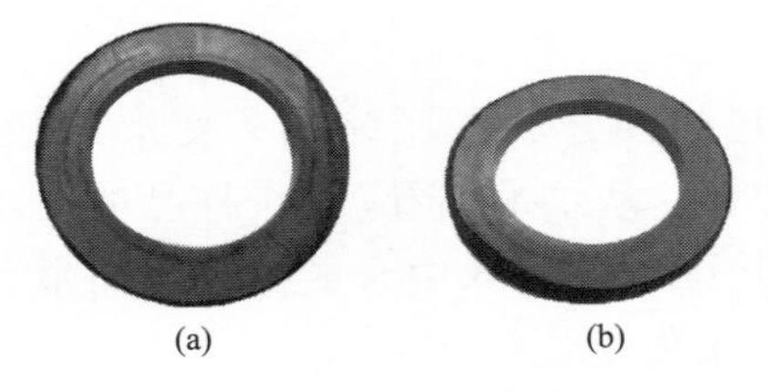

图5-75 5号密封圈宏观形貌

(a) 正面；(b) 反面

2. 外形尺寸测量

通过钢质直尺以及游标卡尺对5个密封圈样品的外形尺寸进行测量，其外形尺寸见表5-36。从测量结果来看，1号样品与2～5号样品的外形尺寸差别不大，说明2～5号样品的变形并不严重。

3. 硬度测试

依据GB/T 531.1对密封圈样品进行硬度性能分析，其硬度值见表5-37。按照《变压器类产品用橡胶密封制品》(HG/T 2887—2018)，对丙烯酸酯橡胶硬度值的要求为70±5，因此所有样品的硬度值均不合格。

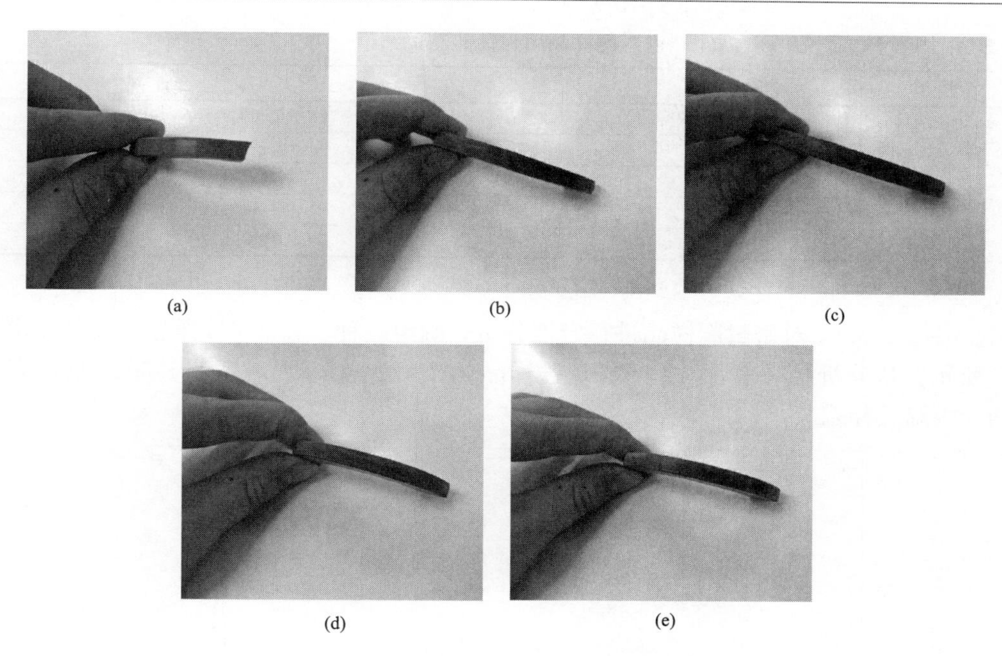

图5-76　1～5号样品侧面宏观形貌
(a) 1号样品；(b) 2号样品；(c) 3号样品；(d) 4号样品；(e) 5号样品

表5-36　　密封圈样品外形尺寸　　mm

序号	外径 D_1	内径 D_2	厚度 d
1	58.59	47.06	6.22
2	57.90	46.46	5.93
3	57.99	46.53	5.96
4	58.19	46.69	6.01
5	58.22	46.78	6.08

表5-37　　密封圈样品硬度值（邵尔A）

序号	测试点1	测试点2	测试点3	测试点4	测试点5	平均值
1	21	22	27	28	28	25
2	22	23	22	25	25	23
3	24	26	25	26	25	25
4	26	22	25	26	26	25
5	30	29	33	32	30	31

4. 回弹性测试

依据GB/T 1681对密封圈样品进行回弹性能测试，测试结果见表5-38。5个样品的回弹性基本一致，但都处于较差的水平。

表 5-38 密封圈样品回弹性能测试结果 %

序号	测试点 1	测试点 2	测试点 3	平均值
1	7	6	7	7
2	6	8	8	7
3	7	8	8	8
4	6	7	7	7
5	6	6	6	6

5. 红外光谱分析

依据 GB/T 7764 对密封圈样品进行定性分析，确定胶种，1.2.5 号样品的红外光谱图如图 5-77所示。从分析结果来看，1、2、5 号样品的谱峰完全一致，证明其制备原料完全相同，均为丙烯酸酯橡胶。

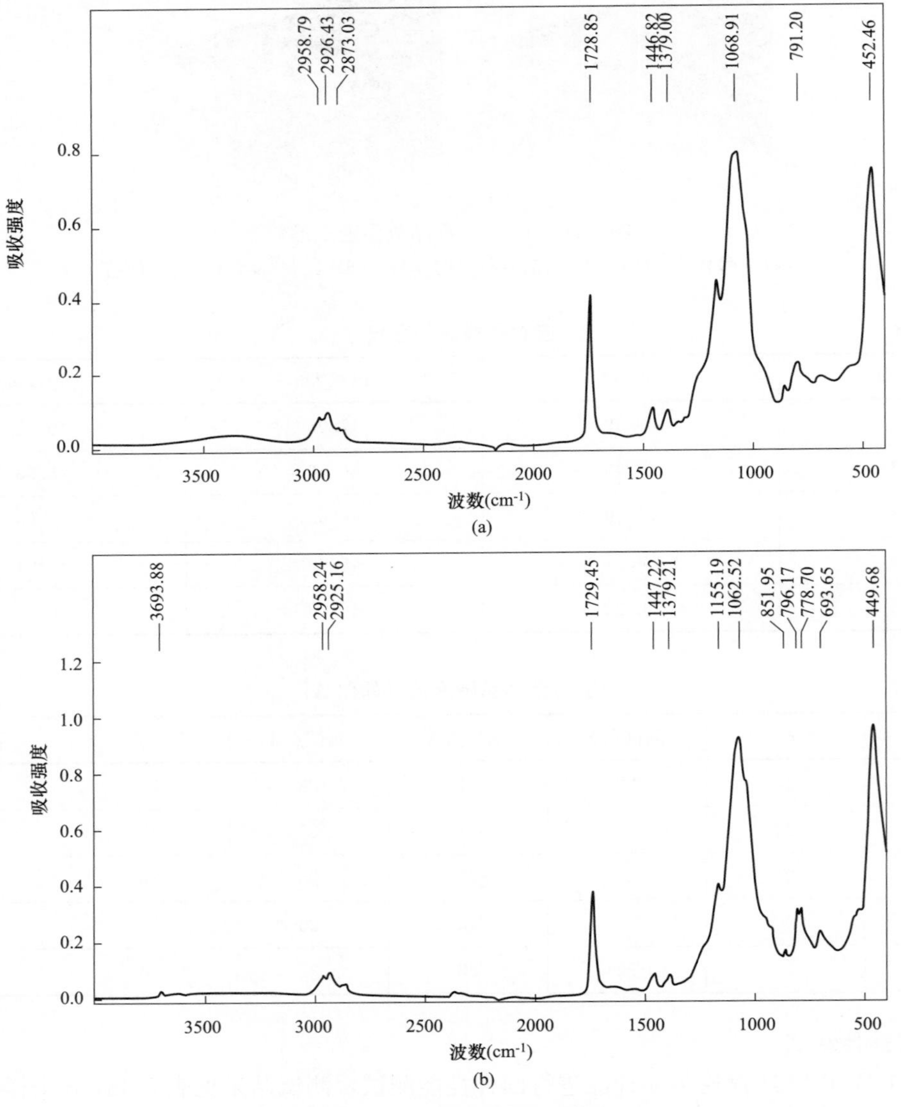

图 5-77 1、2、5 号样品红外光谱图（一）

(a) 1 号样品；(b) 2 号样品

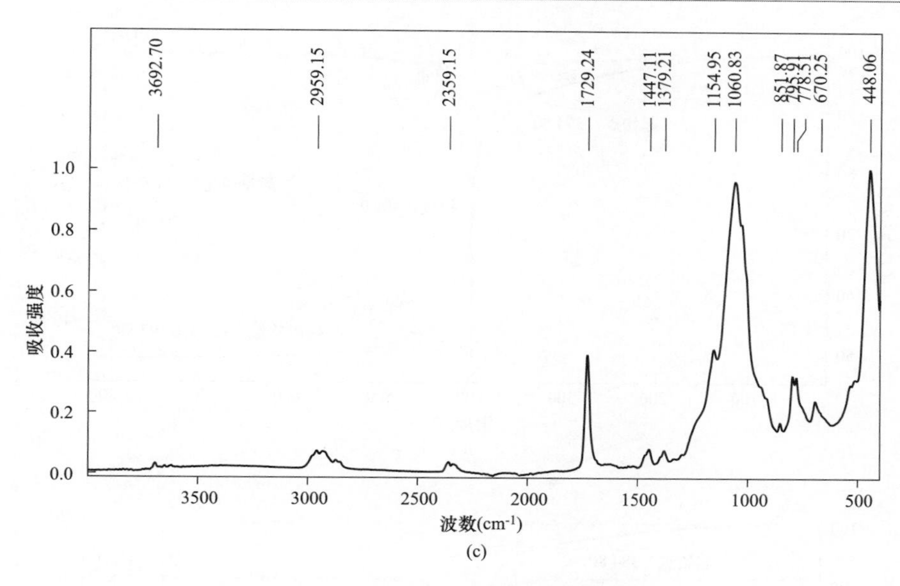

(c)

图 5-77　1、2、5 号样品红外光谱图（二）
(c) 5 号样品

6. 热重分析

依据《橡胶和橡胶制品　热重分析法测定硫化胶和未硫化胶的成分　第 1 部分：丁二烯橡胶、乙烯-丙烯二元和三元共聚物、异丁烯-异戊二烯橡胶、异戊二烯橡胶、苯乙烯-丁二烯橡胶》（GB/T 14837.1—2014）对密封圈材料进行定量分析，热重分析曲线和数据分别如图 5-78 和表 5-39 所示。分析结果表明，1、2、5 号样品的热分解起始温度、最大分解温度以及分解终止温度都较为接近，说明它们的热稳定性能基本相同。但是，残留质量从 1 号样品的 38.39%上升到了 5 号样品的 49.61%。这表明 2 号和 5 号样品在使用过程中已经产生了一定的老化现象，内部分子链结构发生了变化，并且部分原材料物质发生了挥发。

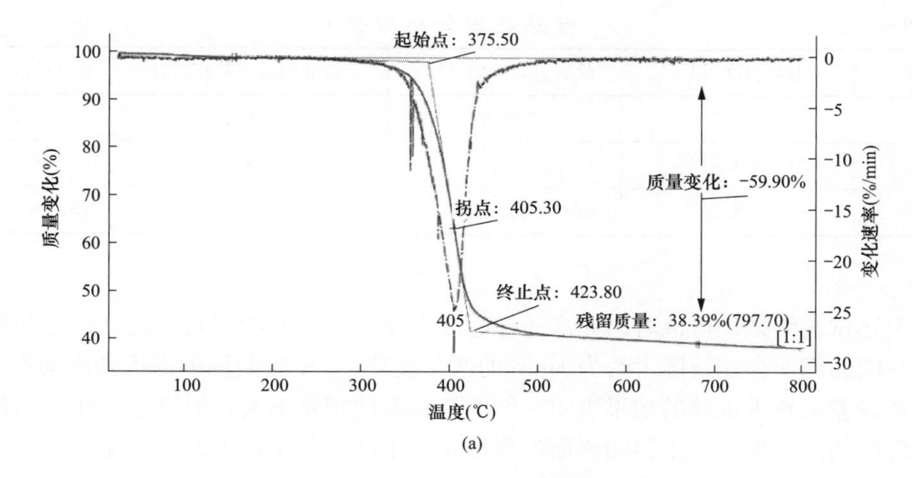

(a)

图 5-78　1、2、5 号样品热重分析曲线（一）
(a) 1 号样品

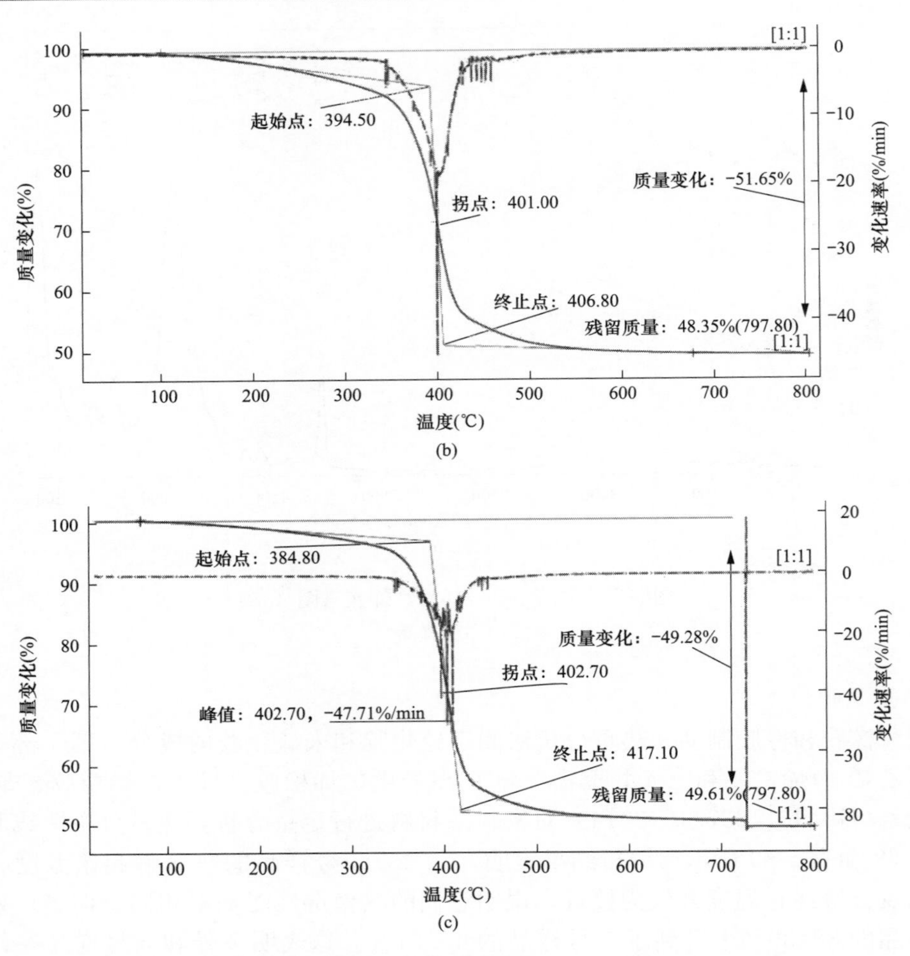

图 5-78 1、2、5 号样品热重分析曲线（二）

（b）2 号样品；（c）5 号样品

表 5-39 样品热重分析数据

样品编号	起始温度（℃）	最大分解温度（℃）	终止温度（℃）	残留质量（%）
样品 1	375.5	405.3	423.8	38.39
样品 2	394.5	401.0	406.8	48.35
样品 5	384.8	402.7	417.1	49.61

7. 综合分析

综合上述试验结果，可以看出此次送样的 5 个样品密封圈的材料一致、尺寸相同。故障相 5 号密封圈的侧面存在长度大约为 1mm 的两条裂纹。5 个密封圈的邵氏硬度均不合格，且回弹性能都较差。热重试验的结果表明它们的热稳定性相差不大，但经过 5 年使用的密封圈已经存在轻微的老化现象。密封圈侧面的裂纹是由于橡胶分子链上侧基发生了氧化交联，橡胶出现降解后慢慢形成的。

5.2.4.3　故障原因

密封圈硬度不合格，机械性能较差，回弹性能低，因此在受压后的恢复能力也会下降，这使得密封圈的密封处可能存在缝隙。水汽会缓慢地从这些缝隙渗透至变压器油箱内导致变压器油箱内油水分层，最终导致故障发生。

5.3　陶瓷类部件失效分析案例

5.3.1　支柱绝缘子断裂失效

5.3.1.1　故障简述

某 220kV 变电站运行人员在对某线路副母隔离开关进行线路复役操作时，隔离开关 A 相靠母线侧的支持绝缘子下节的上法兰根部处断裂，断裂支柱绝缘子断面损伤情况如图 5-79 所示。断裂绝缘子的上节（见图 5-80）在甩落过程中将线路隔离开关 A 相的线路侧支柱绝缘子砸断，又将线路旁路断路器 A 相线路侧的支柱绝缘子砸损，导致 220kV 母线差动保护动作，跳开 220kV 副母上的所有断路器（正母因配合 2 号主变压器更换停运），使两座 220kV 变电站失电。

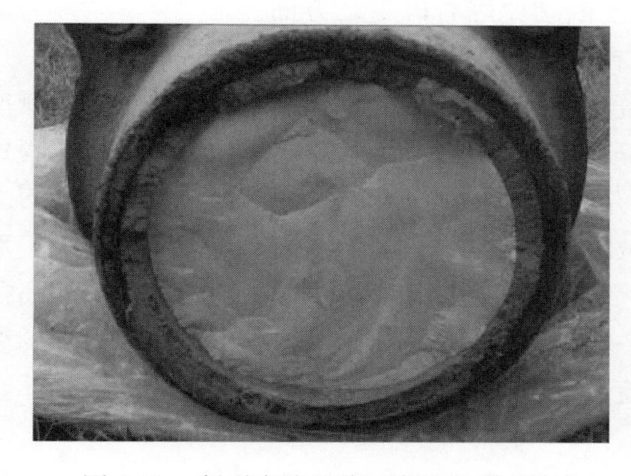

图 5-79　断裂支柱绝缘子断面损伤情况

图 5-80　断裂支柱绝缘子的上节

5.3.1.2　测试与分析

1. 机械强度试验

为分析副母隔离开关 A 相支柱绝缘子断裂的原因，同时对该批次隔离开关支柱绝缘子的机械强度性能做出评估，选取了同类型的隔离开关支柱绝缘子三组共 6 节进行以下几方面的试验：四个方向 50%机械负荷试验、额定扭转负荷试验、机械破坏负荷试验。支柱绝缘子机械性能试验情况见表 5-40。

表 5-40　支柱绝缘子机械性能试验情况

试验类别	标准值	试验值	结果	备注
四个方向 50%机械负荷试验	2.0kN	2.0kN	通过	
额定扭转负荷试验	2.0kN·m	2.0kN·m	通过	
机械破坏负荷试验	4.0kN	3.7kN、4.5kN、6.4kN	0.58%	可接受质量水平（AQL）1.5%

对 220kV 支柱绝缘子三个完整柱的四个方向施加 50%额定弯曲机械负荷和额定扭转负荷试验，这两项试验按相关标准规定都能通过。

同样对三个完整柱进行机械破坏负荷试验，试验值分别为：3.7、4.5kN 和 6.4kN，按相关标准规定其最低接受常数 $K=1.5$。根据试验值计算，质量指数为 0.576，质量指数小于最低接受常数 K，即 $0.576<1.5$。根据最低接受常数 $K=1.5$ 分析判断，试验的该批次支柱绝缘子机械破坏负荷质量指数已远远低于最低接受常数 $K=1.5$。试验数据表明，该批次支柱绝缘子的机械强度分散性大，同时也说明该批次支柱绝缘子机械性能已明显下降，支柱绝缘子断裂只是个时间问题。

2. 孔隙性试验

取六节绝缘子法兰胶装部位 6 个瓷块试样进行孔隙性试验，经孔隙性试验后，6 个试样全部渗透，试验后的样品情况如图 5-81 所示。试验结果表明，该批次支柱绝缘子已老化，会明显影响到支柱绝缘子的机械强度性能，因此断裂是必然的。

图 5-81 经孔隙性试验后的样品情况

3. 综合分析

综合现场和试验情况分析认为，220kV 隔离开关支柱绝缘子断裂原因有以下几方面。

（1）材质原因。

1）瓷绝缘子主要由黏土、长石、石英（或铝氧原料）等铝硅酸盐原料混合配制，经过加工成形。陶瓷的结合键是强固的离子键和共价键，由于结合键的变化，材质的性能有极大的差异。陶瓷材料的显微组织复杂且不均匀，显微组织由晶体相、玻璃相和气相组成，而且各相的相对量差异很大，分布也不均匀。根据断裂支柱绝缘子的断截面观察，该绝缘子的原料配方采用的是高硅瓷，这类性质的原料长期经受自然环境条件的变化和运行中机电联合作用的影响，材料的石英琉璃相发生转变，经孔隙性试验检查出瓷体全面性渗透，表明该绝缘子材料已发生老化。

2）造成瓷体全面性渗透的另一种可能是材质的致密性差。支柱绝缘子在制坯、干燥、焙烧过程中，由于生产过程中工艺控制不到位，易产生先天性缺陷，即内部存在大量的气隙或微观裂纹。发生这类情况会造成绝缘子的老化性能下降，也是造成绝缘子材料孔隙性试验全面性渗透的原因之一。

（2）应力原因。

1）温度差引起的应力。支柱绝缘子与法兰的连接是用水泥胶装剂胶装的，由于法兰、水泥、瓷是三种不同的物质，三者的膨胀系数必然不同，铸铁法兰的膨胀系数为 12×10^{-6}/K，水泥的膨胀系数为 10×10^{-6}/K，瓷的膨胀系数为（3.5～4.0）$\times10^{-6}$/K；当温度降低时，法兰的收缩量大，而支柱绝缘子的收缩量小，其收缩约束了铸铁的收缩，此时二者之间就产生了应力。温差大导致应变力也相应增大，由此产生的支柱绝缘子断裂事故就会增多。

2）水泥胶装剂膨胀产生的应力。水泥胶装剂夹在法兰和支柱绝缘子之间，膨胀受约束。因断裂的 220kV 隔离开关支柱绝缘子是早期产品，当时的水泥胶装工艺没有对暴露在空气中的水泥界面进行密封处理，由于水泥具有吸水性，水泥吸水后体积膨胀，必然对支柱绝缘子的胶装部位产生应力；长期经受这种应力就会损伤支柱绝缘子胶装部位的瓷体，导致支柱绝缘子胶装部位处的机械性能下降，这也是造成这次绝缘子断裂的主要原因之一。

（3）操作冲击力原因。该线路副母隔离开关架构是高型架构布置，即隔离开关架构是架设在高层走廊的平台上，该高层走廊平台本身已存在稳定性差的问题。副母隔离开关的这类结构形式使闸刀重心高、稳定性差。因此，在操作时易引起晃动，尤其是慢加速的合闸过程，在合上隔离开关的瞬间会给支柱绝缘子产生很大的冲击力。对稳定性较差的隔离开关架构以及业已存在机械性能下降的支柱绝缘子来说，联合作用力是导致这次支柱绝缘子断裂的又一重要原因。

5.3.1.3　故障原因

根据试验结果和上述几方面的综合原因分析得出：副母隔离开关支柱绝缘子已处于老化期，机械性能明显下降，操作时的联合应力作用导致该支柱绝缘子断裂事故的发生。

5.3.2　支柱绝缘子碎裂掉落失效

5.3.2.1　故障简述

某220kV变电站A相差动保护动作，短路电流为46.7kA；重合闸7s后再次发生A相短路接地，短路电流为48.8kA，差动保护与距离保护动作，跳开三相断路器，无负荷损失。当日该变电站附近天气晴，站内无操作任务、检修工作。现场检查发现A相出线瓷绝缘子底部破裂，内部屏蔽环有黑色高温烧蚀痕迹，现场破裂瓷绝缘子如图5-82所示。瓷绝缘子底部瓷瓶碎裂掉落，主要碎片断面如图5-83所示。

(a)

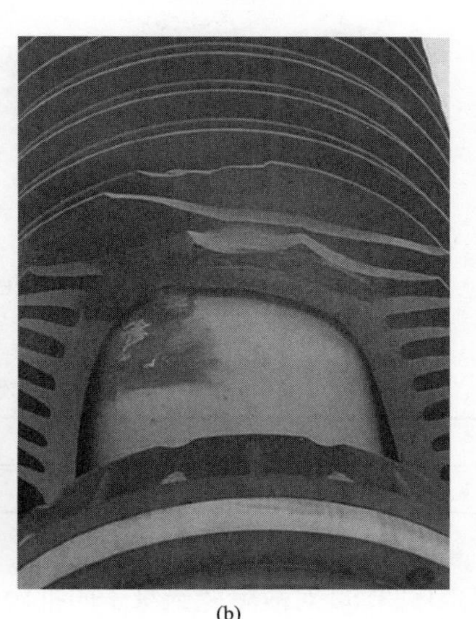

(b)

图5-82　现场破裂瓷绝缘子

（a）故障绝缘子；（b）破裂瓷绝缘子

5.3.2.2　测试与分析

1. 温度循环试验

依据《额定电压高于1000V的电器设备用承压和非承压空心瓷和玻璃绝缘子》（GB/T 23752—2009）对故障瓷绝缘子同批次的3只瓷绝缘子开展温度循环试验。将3支瓷绝缘子绑在木架上放入热水池中，时间保持30min；时间到达后，把试品从热水池中提起，放入冷水池中，时间保持30min。由热水到冷水为一个循环，做三次循环试验。瓷绝缘子温度循环试验结果见表 5-41，所有样品均合格。

2. 工频耐压试验

依据 GB/T 23752 对故障瓷绝缘子同批次的 3 只瓷绝缘子开展瓷壁工频耐压试验。将 3 支瓷绝缘子放在电气试验区域内，把铜筛网放进试品内腔，用金属链条依次缠绕在试品的杆径上开展试验。瓷绝缘子工频耐压试验结果见表 5-42，所有样品均合格。

表 5-41　　瓷绝缘子温度循环试验结果

样品编号	热池		冷池		规定温差（℃）	规定循环次数（次）	试验结论
	温度（℃）	规定时间（min）	温度（℃）	规定时间（min）			
		30		30	≥50	3	
1	73	30	23	30	51	3	合格
2	73	30	23	30	51	3	合格
3	73	30	23	30	51	3	合格

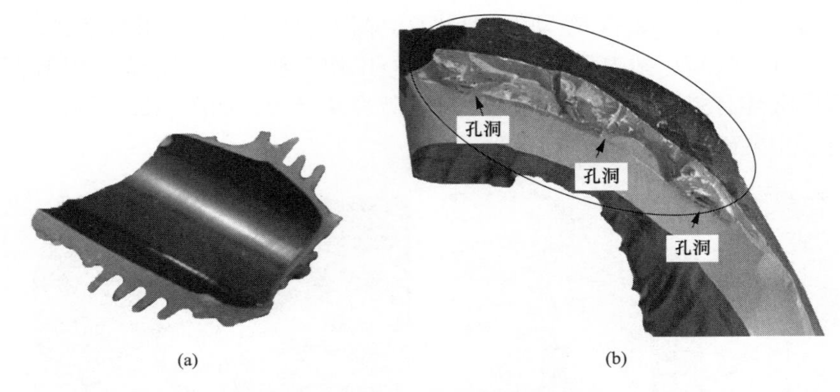

图 5-83　碎裂瓷绝缘子主要碎片断面

（a）碎裂瓷绝缘子碎片；（b）碎片断面

表 5-42　　瓷绝缘子工频耐压试验结果

样品编号	规定值（kV）	试验值（kV）	时间（min）	试验结论
1～3	55	55	5	未发生闪络和击穿现象，合格

3. 四向弯曲试验

依据 GB/T 23752 对故障瓷绝缘子同批次的 3 只瓷绝缘子开展了四向弯曲试验。将 3 只瓷绝缘子下端依次固定在弯扭试验机上，在上端水平互成 90°的四个方向上加力。瓷绝缘子四向弯曲试验结果见表 5-43，所有样品均合格。

表 5-43　　瓷绝缘子四向弯曲试验结果

样品编号	规定值（kN）	试验值（kN）	试验状况	试验结论
1～3	8.0	第一向：8.20，保持 10s	试品无损坏	合格
		第二向：8.56，保持 10s		
		第三向：8.051，保持 10s		
		第四向：8.65，保持 10s		

4. 弯曲破坏试验以及内水压破坏试验

依据 GB/T 23752 对故障瓷绝缘子同批次的 3 只瓷绝缘子各挑选 1 只分别开展弯曲破坏试验以及内水压破坏试验。弯曲破坏试验的试验流程与四向弯曲试验相同。内水压破坏试验中，将瓷绝缘子直立放在带密封圈的钢板上，让上下瓷端面压住密封圈，用螺钉把法兰和钢板紧固好，然后将瓷绝缘子内腔注满水直至破坏。瓷绝缘子弯曲破坏试验及内水压破坏试验的试验结果分别见表 5-44 及表 5-45，所有样品均合格。

表 5-44　瓷绝缘子弯曲破坏试验结果

样品编号	规定值（kN）	试验值（kN）	试验状况	试验结论
1	≥16.7	试验值升至 16.7kN，保持 1min，然后继续升高负荷；在 35.7kN 处，瓷绝缘子正常断裂	瓷绝缘子正常断裂	合格

表 5-45　瓷绝缘子内水压破坏试验结果

样品编号	规定值（MPa）	试验破坏值（MPa）	时间（min）	试验状况	试验结论
2	≥3.4	5.1	5	在 3.4MPa 压力下保持 5min 后瓷绝缘子未破坏，然后继续加压，瓷绝缘子在 5.1MPa 压力下破坏	合格

5. 瓷碎片宏观测试

对送样的瓷绝缘子碎片进行宏观检查，其外观形貌如图 5-84 和图 5-85 所示。从宏观上看，送样的瓷绝缘子碎片共 3 块，均呈不规则形。其中主碎片 1 块，小碎片 2 块。小碎片中较大的一块近似三角形，长度约 16cm，宽度约 5cm。小碎片中较小的一块近似方形，长度约 3cm，宽度约 4cm。两块小碎片的部分表面留有紫红色的釉面。值得注意的是，较小一块的一个断面上可以观察到明显的分层现象，在灰白色陶瓷层的表面存在较薄的一层灰蓝色物质，如图 5-85 所示。

图 5-84　瓷绝缘子小碎片 1 外观形貌

图 5-85　瓷绝缘子小碎片 2 外观形貌

6. 线热膨胀系数试验

将瓷绝缘子小碎片上的灰白色陶瓷层加工成圆柱（棒状）样品，如图 5-86 所示。依据《精细陶瓷线热膨胀系数试验方法顶杆法》（GB/T 16535—2008）对圆柱样品 50～300℃的线热膨胀系数进行分析，线热膨胀试验的结果如图 5-87 所示。圆柱样品的直径为 8.3mm，长度为 24.83mm，换算后得到陶瓷的热膨胀系数为 5.64×10^{-6}m/（K·m）。依据 GB/T 8411.3 的规定，铝硅酸盐湿法成形的陶瓷材料在 30～

图 5-86　灰白色陶瓷层圆柱样品

300℃之间的线热膨胀系数技术要求为 $3\times10^{-6}\sim6\times10^{-6}$m/（K·m）。比较来看，样品的结果合格。

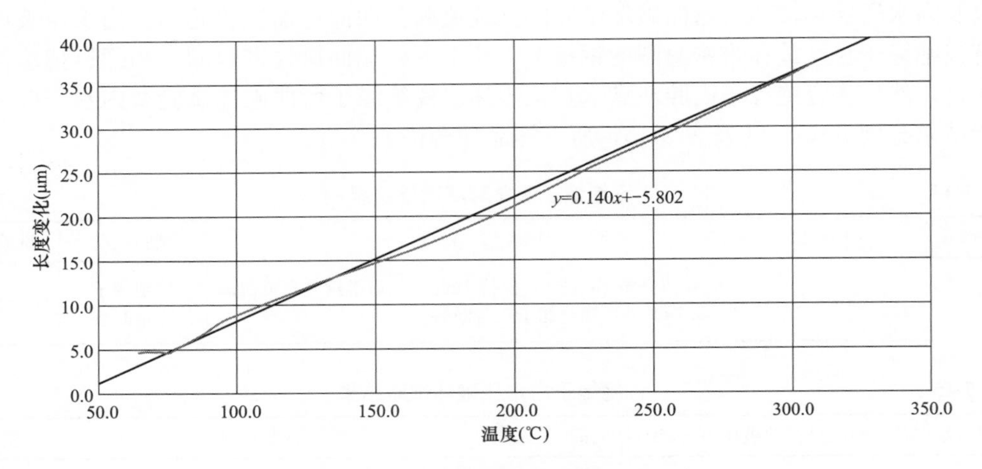

图 5-87 灰白色陶瓷层线热膨胀试验结果

7. 工业用计算机断层成像试验

对瓷绝缘子体积较大的主碎片进行整体工业用计算机断层成像（简称工业 CT）测试，测试区域如图 5-88 所示。工业 CT 设备型号为 YXLON FF85 CT，管电压为 216kV，管电流为 1200V，曝光时间为 250ms，瓷绝缘子主碎片工业 CT 扫描结果如图 5-89 所示。从扫描结果来看，瓷绝缘子本体上多个位置均明显存在异种材料，且异种材料的界面清晰。灰蓝色物质层与灰白色陶瓷层在结果中的灰度值存在明显区别，说明两层物质为不同的材料。灰蓝色物质层较灰白色陶瓷层的颜色偏深，说明灰蓝色物质层对射线的衰减程度较弱，不是陶瓷材料。

图 5-88 瓷绝缘子主碎片工业 CT 测试区域

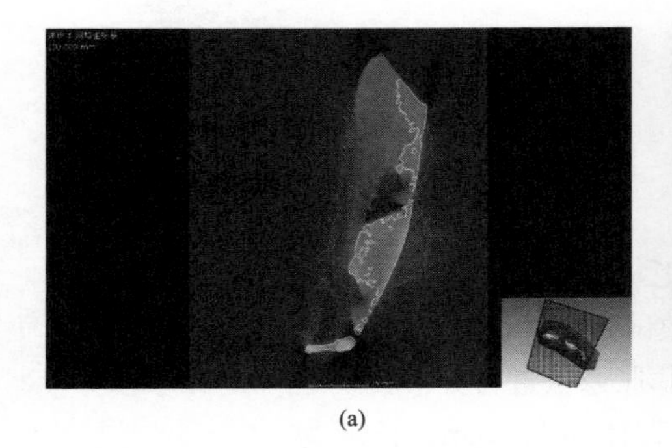

(a)

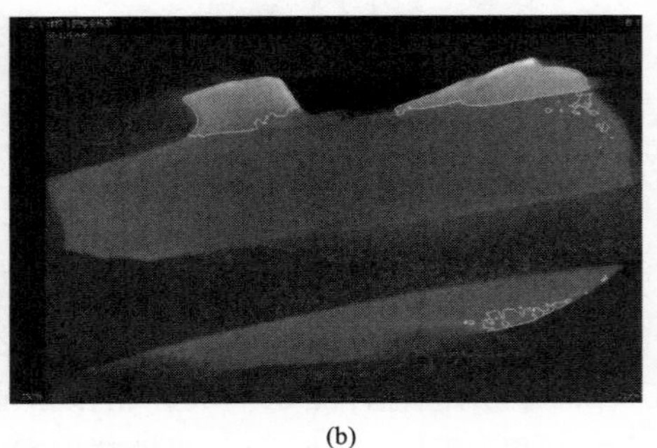

(b)

图 5-89 瓷绝缘子主碎片工业 CT 扫描结果（一）

(a) 扫描结果 1；(b) 扫描结果 2

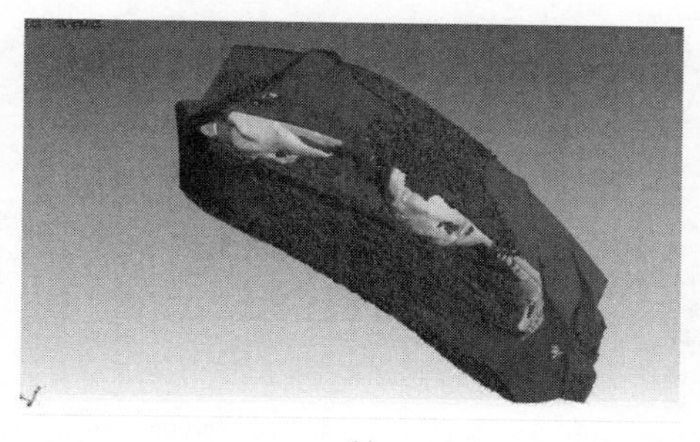

(c)

图 5-89　瓷绝缘子主碎片工业 CT 扫描结果（二）
(c) 扫描结果 3

8. 综合分析

综合上述试验结果，可以看出同批次瓷绝缘子的各项测试均合格，但是，瓷绝缘子碎片断面上明显分为两层材料。经红外光谱鉴定，灰蓝色的为环氧树脂材料，而灰白色的为陶瓷材料。环氧树脂覆盖在陶瓷材料之上，两种材料存在明显的界面，对工业 CT 的射线衰减程度明显不同。陶瓷材料的热膨胀系数符合相关标准规定，质量合格。

总的来看，瓷绝缘子的生产工艺存在一些问题。环氧树脂材料的力学性能大大低于陶瓷材料，且在物理性能（密度、热膨胀系数）等方面与陶瓷材料存在明显的差异。在自然环境气温循环、设备振动等条件下，在两种材料之间形成较大的附加内部应力，最终瓷绝缘子在内部 SF_6 压力作用下发生开裂破损。因此，此次瓷绝缘子破裂为典型的生产质量不合格事件。

5.3.2.3　故障原因

根据试验结果和上述几方面的综合原因分析得出：瓷绝缘子碎裂的原因为生产厂家违规使用环氧树脂材料修补瓷绝缘子伞裙所致。

参考文献

[1] 唐绍裘．电力工业中应用的陶瓷材料［J］．陶瓷工程，1999，33（4）：1-3．

[2] 张汝楠，彭松，钟子华，等．高压陶瓷电容在10kV配电网中的应用研究［J］．供用电，2017（7）：75-78．

[3] 郑培烽，刘继武．现代先进陶瓷的分类及技术应用［J］．陶瓷，2009（4）：15-18．

[4] 徐政，倪宏伟．现代功能陶瓷［M］．北京：国防工业出版社，1998．

[5] 刘跃凌．高压绝缘子和避雷器［M］．北京：机械工业出版社，1994．

[6] 杨清芝．实用橡胶工艺学［M］．北京：化学工业出版社，2005．

[7] 王艳秋．橡胶材料基础［M］．北京：化学工业出版社，2006．

[8] 武卫莉．橡胶加工工艺学［M］．哈尔滨：哈尔滨工业大学出版社，2012．

[9] 柯德刚．硅橡胶在电力电缆附件上的应用［J］．有机硅材料，2002，16（5）：18-20．

[10] 林修勇．硅橡胶在电气绝缘方面的应用进展［J］．特种橡胶制品，2003，24（5）：7-9．

[11] 李永河．橡胶硫化技术［M］．郑州：黄河水利出版社，2012．

[12] 张兴友．塑料成型工艺与模具设计［M］．北京：冶金工业出版社，2009．

[13] 叶圣英．塑料材料［M］．北京：中国轻工业出版社，2010．

[14] 齐晓杰．塑料成型工艺与模具设计［M］．2版．北京：机械工业出版社，2012．

[15] 姜贵民，宋惠平，姜磊，等．玻璃材料设计与分析［C］//中国硅酸盐学会玻璃分会．2017年全国玻璃科学技术年会论文集．北京：中国硅酸盐学会，2017：4．

[16] 邓力．国内外特种玻璃研发与应用新动态（续）［J］．玻璃与搪瓷，2018，46（2）：36-52．

[17] 玻璃在建筑材料行业中的应用探究［J］．网印工业，2019（9）：49-51．

[18] 徐美君．世界玻璃的分类与用途（连载一）［J］．玻璃，2008（7）：43-49．

[19] 陈玮，程继健，陈国荣．若干新型非氧化物玻璃的研究进展［J］．上海化工，1999（22）：4-8．

[20] 颜阳，杨发忠，张泽志，等．氧化物玻璃研究动态及其进展［J］．云南化工，2005（04）：39-42．

[21] 张秉旺．玻璃性质手册［J］．玻璃与搪瓷，1990（5）：62．

[22] 徐美君．世界玻璃的分类与用途（连载二）［J］．玻璃，2008（8）：46-50．

[23] 张启龙，风杰，吴萍，等．钢化玻璃绝缘子研究进展［J］．材料科学与工程学报，2014，32（04）：596-601．

[24] 石艳．钢化玻璃绝缘子的性能特性和设计原理［J］．四川理工学院学报（自然科学版），2005（03）：73-75．

[25] 杨子兴，杨于兴，漆睿．X-射线衍射分析［M］．上海：上海交通大学出版社，1989．

[26] 左演声，陈文哲，梁伟．材料现代分析方法［M］．北京：北京工业大学出版社，2000．